BULLETINS DE LA SOCIÉTÉ INDUSTRIELLE
DE MULHOUSE

THERMODYNAMIQUE APPLIQUÉE

RÉFUTATIONS

D'UNE

CRITIQUE DE M. G. ZEUNER

PAR

G.-A. HIRN & O. HALLAUER

PARIS

GAUTHIER-VILLARS, IMPRIMEUR-LIBRAIRE

DU BUREAU DES LONGITUDES, DE L'ÉCOLE POLYTECHNIQUE

Quai des Augustins, 55

1881

RÉFUTATIONS

D'UNE

CRITIQUE DE M. G. ZEUNER

BULLETINS DE LA SOCIÉTÉ INDUSTRIELLE
DE MULHOUSE

THERMODYNAMIQUE APPLIQUÉE

REFUTATIONS

D'UNE

CRITIQUE DE M. G. ZEUNER

PAR

G.-A. HIRN & O. HALLAUER

PARIS

GAUTHIER-VILLARS, IMPRIMEUR-LIBRAIRE

DU BUREAU DES LONGITUDES, DE L'ÉCOLE POLYTECHNIQUE

Quai des Augustins, 55

1881

RÉFUTATIONS

DE LA

CRITIQUE DE M. G. ZEUNER

PAR G.-A. HIRN

———

Sous le titre : *Recherches calorimétriques sur la machine à vapeur*[1], mon éminent ami, M. G. Zeuner, vient de publier un mémoire étendu et remarquable, où il examine les recherches sur la machine à vapeur, qui, dans ces dernières années et sous le patronage de la Société industrielle, ont été exécutées par notre laborieuse phalange de travailleurs alsaciens et ont été, pour la plupart, publiées dans ces Bulletins. J'indiquerai successivement et avec quelques détails les divers considérants du jugement de M. Zeuner. Le résumé en est que, si exactes que puissent être d'ailleurs nos études expérimentales, les conclusions que nous en avons tirées doivent être considérées comme nulles et non avenues, au point de vue de la thermodynamique.

Ai-je besoin de le dire ? Ainsi que tout ce qui sort de la plume de M. Zeuner, le mémoire dont je parle est conçu dans les termes les plus polis et même les plus flatteurs pour les chercheurs alsa-

---

[1] *Calorimetrische Untersuchung der Dampfmaschinen*, von G. Zeuner. (Separat-Abdruck aus dem *Civil-Ingenieur*, XXVII. Band, 6. Heft).

ciens, à une seule exception près, qu'on y rencontre à regret. Et pourtant je n'essaierai pas de dissimuler que la lecture de ce travail a éveillé en moi un sentiment de peine profonde, et que c'est sous la même impression que je me vois contraint par la force des choses d'y répondre et de le réfuter. Je reviendrai plus tard sur ce côté tout personnel de la question, et je vais d'abord droit à mon but. Un très court préambule me suffira pour mettre les lecteurs de ces pages au courant de la discussion.

Soit avant soit après la fondation de la thermodynamique, les auteurs qui se sont occupés d'établir la théorie algébrique de la machine à vapeur, ont toujours fait abstraction complète des propriétés physiques des pièces qui forment l'organisme de la machine ; ils ont considéré les parois des cylindres, des boîtes à tiroir, etc., comme n'ayant aucune action sur les phénomènes que présente la vapeur en traversant la machine. En un mot et ainsi que je l'ai fait ressortir avec insistance à plusieurs reprises, on a traité les pièces fixes ou mobiles de ces moteurs comme un organisme purement *géométrique et mécanique*, n'ayant aucune influence sur les résultats donnés par le passage de la vapeur à travers les organes.

Dès mon premier travail expérimental sur la machine Woolf, avec ou sans enveloppe à vapeur, publié dans ces Bulletins (en 1855), j'ai montré l'action puissante qu'exercent les parois métalliques des cylindres, à titre de réservoirs, positifs et négatifs, de chaleur, sur le mode de fonction de la vapeur. Dans tous mes travaux postérieurs, j'ai accentué de plus en plus cette intervention des parois ; j'ai montré qu'il se condense des quantités variables, mais parfois très grandes, de vapeur pendant l'admission ; que les parois cèdent ensuite de la chaleur pendant la détente, du moins en général ; et qu'enfin, pendant que la vapeur quitte le cylindre moteur pour aller au condenseur, les parois lui cèdent des quantités de chaleur, variables aussi selon les cas, mais parfois *énormes*. Ma conclusion générale, formulée déjà dans la première édition de mon ouvrage de thermodynamique (1862) et développée, je crois, avec toute la netteté désirable dans la troisième édition (1876), c'est :

« qu'il est absolument impossible d'établir *a priori* une théorie correcte de la machine à vapeur, et qu'une *théorie expérimentale*, établie par une étude directe et scrupuleuse des phénomènes qui se passent dans les diverses espèces particulières de machines, peut seule conduire à des résultats suffisamment approximatifs, et permettre d'aller peu à peu du connu à l'inconnu. »

C'est dans cet ordre d'idées et dans cette voie expérimentale que sont entrés depuis, en Alsace notamment, plusieurs de mes amis : MM. Leloutre, Hallauer, les ingénieurs de l'Association alsacienne, etc. Ne reculant ni devant la fatigue et la peine, ni devant le sacrifice de leur temps, et apportant à l'étude des moyens de recherches de plus en plus parfaits, ils ont contribué à donner un degré de précision presque mathématique à ce que, livré à mes seules forces, je n'avais pu qu'ébaucher. Je m'énonce ainsi sans aucune affectation de modestie, et avec le seul désir, très naturel, de témoigner ma gratitude à ceux qui se sont mis si bravement à l'œuvre, soit bien souvent pour m'aider, soit pour se laisser de loin guider par moi dans leurs travaux.

Ainsi qu'il arrive toujours en pareil cas, une fois la voie nettement ouverte et *reconnue correcte*, les compétiteurs et les réclamations de priorité n'ont pas fait défaut : les unes très fondées (j'étais loin d'avoir été le premier à soupçonner l'action perturbatrice des pièces métalliques dans les fonctions de la machine à vapeur) ; les autres fantaisistes et sans aucun fondement. Pour faire un exposé historique du développement de cette intéressante question de physique-mécanique appliquée, M. Dwelshauvers-Dery, professeur à l'Université de Liége, a eu à dépouiller une collection journellement croissante de revendications, et dans le cours de ce travail assez pénible, il n'eût pas été bien étonné, je crois, de se voir renvoyé jusqu'à Aristote. Il a fallu à mon savant ami toute son impartialité et sa sagacité de critique pour rétablir, avec équité, la part de chacun dans l'ordre nouveau de faits acquis à la science appliquée, à la physique-mécanique industrielle. Sa besogne d'historien eût été plus facile sans doute, si l'on eût pu prévoir la critique radicale de l'éminent analyste, à laquelle aujourd'hui je suis forcé de répondre; il est permis, en effet, de croire qu'en ce cas plusieurs des réclamants eussent prudemment différé de faire valoir leurs droits, afin de reconnaître d'abord dans quel sens se décidera le procès.

Je commence par indiquer nettement sur quoi porte le travail critique de M. Zeuner.

« Le but de toutes ces recherches alsaciennes était, en première ligne, de gagner les matériaux nécessaires à l'édification de la théorie de la machine à vapeur; mais il était aussi de déterminer l'influence des parois des cylindres sur les variations d'état de la vapeur et sur le rendement économique de la machine, et d'évaluer les avantages de l'enveloppe à vapeur. »

« A plusieurs reprises, mais surtout dans sa dernière édition, Hirn revient sur cet énoncé, à savoir : qu'il serait absolument incorrect de négliger désormais l'influence des parois. En partant de ses expériences et en général de toutes les recherches alsaciennes, il montre que sous l'action des parois des cylindres, il peut, en certains cas, s'opérer des pertes énormes de vapeur et de travail. »

« De pareilles assertions ébranlent (en apparence) fortement tout ce qui, depuis la fondation de la thermodynamique, a été produit en fait de recherches théoriques sur la machine à vapeur, et l'objection semble d'autant plus grave qu'elle part de l'un des promoteurs principaux de la thermodynamique..... »

« Il a été répété maintes fois que les recherches alsaciennes ont ouvert la voie à une théorie nouvelle de la machine à vapeur, et que tout ce qui avait été fait dans la même direction se trouve ainsi surpassé. Mais ceci n'est en aucune façon la vérité. »

« Je suis très loin de nier l'influence des parois sur les changements d'état de la vapeur. Mais les recherches alsaciennes ne mettent encore en aucune façon en lumière la grandeur de cette influence..... »

« Je maintiens dans son intégrité ma théorie des machines à vapeur aux pertes isolées d'effet utile que j'ai déterminées, il ne reste à ajouter que celles qui relèvent de l'influence des parois des cylindres ; mais pour le moment il n'est pas encore possible de l'exprimer analytiquement avec sécurité. Certes cependant, cette perte se trouvera beaucoup plus petite qu'on ne l'attendrait d'après les recherches alsaciennes..... »

On le voit, il ne s'agit pas seulement ici d'une critique, mais il s'agit bien de la négation à peu près absolue des déductions que les chercheurs alsaciens ont tirées de leurs travaux. On le voit aussi, c'est moi qui me trouve principalement en cause. Si erreur il y a, c'est moi qui en suis l'éditeur responsable et qui ai entraîné tous mes amis avec moi. Je me hâte de le dire, je suis loin de décliner cette responsabilité et j'en suis même flatté. Puisque chercheurs alsaciens il y a, je ne puis qu'être fier d'en être le chef, et ils peuvent compter que ce chef ne leur fera défaut en aucune circonstance.

Avant d'aborder la partie scientifique proprement dite de la discussion, je ne puis m'empêcher de m'arrêter un instant encore sur quelques remarques accessoires présentées par M. Zeuner, et qui, si polie que soit leur forme, n'en ont pas moins un caractère personnel.

« A une première lecture des mémoires alsaciens, il peut sembler étrange que des résultats de recherches aussi belles et aussi méritoires n'aient pas donné lieu depuis longtemps à des études théoriques étendues. En y regardant de plus près, on trouve toutefois facilement la raison de ce fait. »

« Malheureusement presque sans exception, les publications susmentionnées ne donnent que fort incomplétement les mesures des machines soumises à l'expérience. Les résultats des observations n'y sont même développés que juste ce qui est nécessaire pour répondre aux questions spéciales que se proposait l'observateur. »

« D'un autre côté, bien que les observateurs aient tiré le plus large parti des diagrammes de l'indicateur de Watt, la reproduction de ces diagrammes est omise dans les mémoires, ou du moins n'y est donnée que sous forme incomplète. On manque ainsi de tout moyen de contrôle de l'exactitude des calculs et de la faculté de pousser plus loin les études théoriques, à l'aide des données des expériences. »

« J'eusse préféré de beaucoup prendre les nombreuses expériences faites sur les machines de Hirn comme point de départ de mes recherches théoriques ; mais il ne m'a pas été possible de trouver, dans les publications qui les concernent, les données nécessaires au calcul...... »

Mes collaborateurs éprouveront comme moi le plus vif regret en lisant les lignes précédentes. Il n'est, en effet, pas un d'entre nous qui ne se fût fait un devoir de fournir à M. Zeuner tous les documents dont il aurait cru avoir besoin, fût-ce même sciemment pour lui fournir les moyens de nous réfuter. Il n'en est pas un qui ne se fût joint à moi pour répéter telle ou telle expérience dans le sens qu'il aurait indiqué. Cette dernière partie de mes regrets est d'autant plus grande, que de tristes circonstances m'ont forcé à quitter mes recherches premières et à tourner mes efforts vers d'autres horizons de la science. Il me serait ainsi très difficile aujourd'hui de combler des lacunes que M. Zeuner pourrait signaler.

M. Zeuner termine son travail en disant : que l'exposé qu'il a fait, entre autres, de l'évaluation du travail disponible dans la machine à vapeur, a été contredit aussi, de divers côtés, mais en des termes qui lui rendent toute réponse impossible. Comme il est surtout, et même exclusivement question dans sa critique des travailleurs alsaciens, les personnes qui ne seraient pas en possession de tous nos écrits pourraient soupçonner l'un ou l'autre d'entre nous de s'être laissé aller à des formes, déplacées en toutes circonstances, mais déplacées surtout dans la discussion scientifique. Dans les écrits que je connais de mes amis et collaborateurs, je ne crois pas qu'il se trouve une seule ligne qui ait pu éveiller ainsi la susceptibilité de l'éminent analyste. Et en ce qui concerne mes propres écrits, ils sont, je l'espère, hors de cause en ce sens. On y trouvera partout à l'égard de M. Zeuner, non pas seulement de l'estime et de l'admiration, mais quelque chose que je place encore au-dessus.

Toute la critique de M. Zeuner peut se résumer en une seule phrase. Nous aurions attribué à l'influence des parois métalliques des pièces fixes et mouvantes de la machine tout un ensemble de phénomènes qui relèvent pour la plus grande part de la présence d'une certaine quantité d'eau dans les espaces nuisibles au moment de l'admission, et dans tout le cylindre pendant la détente et la condensation. Pour plus de concision encore, je dirais : nous aurions pris de l'eau pour du fer.

À l'aide d'une analyse faite avec sa clarté habituelle, M. Zeuner présente une suite d'équations dans lesquelles se trouve introduite la masse de vapeur et d'eau hypothétique renfermée dans les espaces nuisibles au moment où commence l'admission de la vapeur de la chaudière. Il lui est facile, avec ces équations, de montrer que si l'on adjuge une certaine valeur à la masse d'eau ainsi présente à chaque coup de piston, on arrive à constater une condensation de vapeur pendant l'admission, une évaporation et par suite un accroissement de la masse de vapeur pendant la détente, et enfin une perte au condenseur pendant la condensation, perte que, sous le nom de refroidissement au condenseur, j'avais désignée par la lettre R_c. Et c'est ainsi que s'expliqueraient les phénomènes que nous avons attribués à l'influence thermique des parois.

Sans faire aucune algèbre, chacun comprend que s'il se trouve, au moment de l'admission, un poids notable d'eau froide dans l'espace déjà libre offert à la vapeur, celle-ci se condensera en partie, que cette eau, portée à la même température que la vapeur et soumise ensuite pendant la détente à une pression décroissante, se mettra à bouillir et augmentera ainsi la masse de vapeur relative, et qu'enfin pendant l'échappement au condenseur, cette eau, continuant à bouillir par sa chaleur propre, se refroidira et simulera notre perte des parois.

Comme question d'analyse, je me permets de rappeler que j'ai moi-même (tome II, page 26 de ma dernière édition) représenté par un poids fictif d'eau la masse des parois métalliques en action pendant la détente, et que j'ai expliqué ainsi l'accroissement relatif de vapeur.

J'examinerai incidemment, à la fin de ce travail, quel serait le bénéfice qu'aurait pour la théorie de la machine à vapeur cette substitution de l'eau au fer, comme réservoir thermique. Il me sera facile de montrer que ce serait la substitution d'une inconnue *indéterminable* à une autre. Mais il s'agit ici d'un fait : ce fait est-il réel ou non ? Ceci constitue une question de physique appliquée, que l'algèbre pure est impuissante à résoudre *a priori* et sans le secours de l'expérience *a posteriori*. Avant de montrer en quel sens elle se résout, je dois répondre à quelques objections critiques incidentes de M. Zeuner.

L'une des premières, c'est que nous n'aurions jamais indiqué la pression dans la chaudière et que nous aurions toujours implicitement supposé la pression pendant l'admission égale à celle de la chaudière ; que nous aurions admis, en un mot, que la vapeur n'éprouve aucun étranglement à son entrée au cylindre. Il serait résulté de là des erreurs dans nos évaluations de chaleur cédée aux parois pendant l'afflux de vapeur.

Je reconnais très volontiers la justesse de cette critique, en principe. Si j'ai employé une autre méthode de calcul que celle qu'indique M. Zeuner, c'est parce que le mode de calcul que j'ai choisi est très expéditif et d'une approximation qui m'a semblé plus que suffisante. C'est ce que je vais montrer aisément. L'équation correcte, pour l'évaluation de la chaleur cédée aux parois, lorsqu'on suppose, comme nous l'avons fait, négligeable le poids d'eau des espaces nuisibles, est d'après M. Zeuner

$$Q_0 = M (q_0 - q_1 + x_0 r_0 - x_1 r_1),$$

M désignant le poids total d'eau et de vapeur par coup de piston, x_0 et x_1 les poids *relatifs* de vapeur dans la chaudière et dans le cylindre après l'admission, r_0 et r_1 les chaleurs d'évaporation, q_0 et q_1 les quantités de chaleur d'un poids M d'eau. L'équation dont je me suis servi est de fait

$$Q'_0 = M (1 - x_1) r_1.$$

Retranchant Q'_0 de Q_0, il nous reste pour l'erreur que j'ai commise :

$$Q_0 - Q'_0 = M (q_0 - q_1 + x_0 r_0 - r_1).$$

Cette erreur, je vais le montrer, est toujours petite. Je prends en effet un exemple au hasard.

Dans une expérience où la dépense d'eau et de vapeur était de $0^k,37318$, on avait pour la vapeur

de la chaudière $t_2 = 148,28$, $p_2 = 4^{atm},5$, $r_2 = 502,49$, $q_2 = 149,24$, $x_2 = 0,99$,
du cylindre.... $t_1 = 140,78$, $p_1 = 3^{atm},6556$, $r_1 = 507,78$, $q_1 = 141,66$, $x_1 = 0,691$

Avec ces nombres, l'équation de M. Zeuner donne $Q_2 = 57°,54$.

Celle que j'ai employée donne $58,5$. L'erreur n'est que de $1:58$.

La seconde observation critique de M. Zeuner, c'est que, en raison des tourbillons violents qu'éprouve la vapeur en pénétrant dans le cylindre, et même pendant la détente, les pressions relevées par l'indicateur de Watt doivent toujours être notablement trop faibles. S'il était possible, dit M. Zeuner, d'arrêter subitement le piston au moment de la fermeture du tiroir d'admission, on verrait la pression P_1, d'abord donnée par l'indicateur, devenir $P'_1 > P_1$. Il résulterait de là que nous avons adjugé au volume u une valeur trop grande et que nous avons par conséquent exagéré notablement aussi la quantité condensée pendant l'admission.

Cette partie de la critique est très grave, plus grave peut-être que ne le pensait son auteur lui-même. La pression que relève un indicateur (supposé parfaitement fidèle) est aussi celle que supporte le piston de la machine ; cela est évident par soi-même et démontré d'ailleurs expérimentalement par la concordance des résultats que m'ont donnés le pandynamomètre appliqué au balancier de la machine et l'indicateur. En un mot, si la pression de la vapeur est modifiée par les tourbillons, elle l'est *pour le piston aussi bien que pour l'indicateur*. Mais si une telle modification a lieu, du moins dans des proportions sensibles, toute théorie de la machine à vapeur devient impossible, car sans aucune exception, les équations de la thermodynamique ne conviennent qu'à des vapeurs arrivées à un état d'équilibre interne et ne pourraient plus s'appliquer sans erreur à des vapeurs dont les mouvements internes troubleraient et fausseraient la pression qu'elles exercent à chaque instant en tous sens.

L'objection précédente, mortelle à toute théorie, est fort juste en principe. Bien que je sois fermement convaincu qu'aucune théorie réellement correcte n'est possible, bien que je puisse ainsi accueillir cette objection comme une nouvelle preuve en faveur de mon opinion, je me hâte cependant de dire qu'on aurait tort de s'exagérer l'influence possible des tourbillons comme faussant les pressions exercées à chaque instant par la vapeur dans les cylindres. Si *étranglée* et *laminée* que soit la vapeur dans son passage par la valve d'admission (supposée partiellement fermée) et par les tiroirs au moment où ils se ferment, elle traverse toujours, avant son entrée aux cylindres, des conduites assez longues où les diverses vitesses s'égalisent et arrivent à une moyenne assez faible relativement. Dans l'intérieur même du cylindre, les mouvements tumultueux ne peuvent durer un temps notable, une fois les tiroirs fermés. L'intensité des tourbillons internes doit dépendre visiblement du degré d'étranglement que subit la vapeur avant d'entrer au cylindre ; or si ces tourbillons avaient une action réellement appréciable sur la pression, la dépense d'une machine, pour un même travail rendu, devrait s'accroître à mesure que, la pression croissant dans la chaudière, on fermerait davantage la valve d'admission pour maintenir la vitesse. Pour fixer les idées, je suppose une machine à détente fixe ou fixée, donnant 100 chevaux avec trois atmosphères dans la chaudière, la valve d'admission étant tout ouverte. Par suite d'un coup de feu du chauffeur, la pression monte à cinq atmosphères ; pour maintenir la vitesse et les 100 chevaux de travail, il faudra fermer partiellement la valve ; les tourbillons s'accroîtront ; la pression à l'état dynamique étant moindre, il faudra tenir la valve ouverte plus que ne l'indiquerait l'accroissement de la pression, et la dépense pour le même travail s'accroîtra aussi. Or, dans la pratique, c'est précisément le contraire qui a lieu, et la dépense en vapeur se trouve au contraire diminuée par des raisons que prévoit aisément le calcul.

Si les tourbillons, et les chocs nombreux, qui en résultent, des particules du gaz aqueux contre les parois, ont une action, ce doit être surtout celle d'accélérer l'équilibre des températures entre les surfaces et le fluide, ce doit être, comme je l'ai toujours avancé, d'accroître l'influence des parois sur les changements d'état de la vapeur.

Je cite encore, en passant, une critique qui s'adresse plus particulièrement à une partie de mon exposé sur l'étude des machines à vapeur. Pour estimer la quantité de chaleur que les parois cèdent à la vapeur pendant la détente, dans une machine sans enveloppe Watt, j'ai assimilé, comme je l'ai rappelé plus haut, la masse active du métal à un poids d'eau μ et j'ai posé :

$$o = (M + \mu) \int_{T_3}^{T} \frac{c\, dT}{T} - \frac{m_3 r_3}{T_3} + \frac{m_4 r_4}{T_4},$$

équation remarquable, donnée pour la première fois par M. Clausius, et exprimant ce qui se passe lorsqu'une masse d'eau et de vapeur M' se détend sans addition ni soustraction de chaleur d'une température T_v à une autre $T_t > T_t$. En partant des résultats que lui fournit un diagramme pris par M. Hallauer sur une machine Corliss sans enveloppe, M. Zeuner n'éprouve aucune difficulté à montrer que pour une suite de températures décroissantes pendant un même coup de piston, la partie μ de la somme n'est point une constante comme il en devrait être si la loi impliquée par l'équation était correcte. J'irai ici de moi-même au devant de la critique, en faisant remarquer que par ce fait même que μ est censé équivaloir à la masse des parois représentées par de l'eau, sa valeur ne peut être regardée théoriquement comme constante, puisque les parois, pendant la détente, ne se présentent que graduellement à la vapeur. Je n'ai donné l'équation ci-dessus que comme représentant et avec toute la fidélité désirable, ce qui répond à tout l'ensemble de la détente, pour un coup de piston, et non ce qui convient à tous les points *intermédiaires*. Dans le cours du paragraphe, d'ailleurs des plus intéressants et des mieux faits, qu'il consacre à l'examen des divers modes de représentations algébriques qu'on a essayé de donner du phénomène de la détente, M. Zeuner revient encore une fois sur l'influence qu'il attribue aux tourbillons internes de la vapeur et il dit qu'ils doivent modifier les résultats théoriques de la détente en général. Mais s'il en est effectivement ainsi, je ferai remarquer qu'il y a une contradiction manifeste à se servir encore des diagrammes de l'indicateur pour vérifier mon équation de détente, ou toute autre analogue, puisque les pressions données par cet instrument sont dès lors faussées. Ainsi que je l'ai dit déjà, je pense que, dans ce sens, M. Zeuner attribue une valeur beaucoup trop grande *numériquement* aux conséquences d'un phénomène physique dont l'existence, en principe, ne peut être révoquée en doute ; je pense, en un mot, et pour bien préciser, que les tourbillons doivent en effet modifier la pression de la vapeur et surtout la rendre inégale en répartition dans la masse, mais que cette action, évaluée numériquement, doit être tellement minime que jamais nos moyens d'observations ne nous permettront de la mesurer. Je ferai, de mon côté, une réflexion critique beaucoup plus grave, portant sur l'emploi de l'indicateur lui-même et conduisant d'ailleurs aux mêmes conséquences quant à l'étude qu'on prétendrait faire des lois de la détente à l'aide de cet instrument ingénieux. Dès les premiers temps où je me suis servi de l'indicateur, je me suis assuré que, sous la forme où on l'emploie généralement, il ne peut donner correctement que les pressions *extrêmes* dans les cylindres (pression pendant l'admission et à la fin de la course du piston). Il suffit, d'ailleurs, de réfléchir un instant à la construction et au mode de fonctionnement de l'appareil, pour reconnaître qu'il ne saurait en être autrement. En un mot, les courbes tracées ne peuvent donner, d'une manière absolument exacte, les pressions intermédiaires. J'ai décrit dans ces Bulletins un indicateur à courses fractionnées à volonté, qui permet d'obtenir exactement la pression par point, en toute l'étendue de la course. Les indications obtenues ainsi diffèrent notablement, comme on pouvait s'y attendre, de celles que donnerait l'indicateur ordinaire dans les mêmes conditions.

J'arrive maintenant à la partie principale de la critique de M. Zeuner, à ce qui en est en quelque sorte le pivot.

Nous aurions tous, et moi en tête, commis une faute très grave en posant $m_0 = o$ ou même seulement $x_0 = 1$, c'est-à-dire en négligeant la masse d'eau et de vapeur qui, au commencement de l'admission, se trouve déjà dans les espaces nuisibles de la machine. Il suffit d'une quantité d'eau relativement minime pour expliquer les phénomènes de condensation pendant l'admission, de l'accroissement de la masse de vapeur pendant la détente, de refroidissement au condenseur que nous avons constatés et que nous avons à tort attribués en totalité à l'action des parois. Il s'agit ici, je le répète, d'une question de fait. Existait-il et pouvait-il exister réellement, dans les espaces nuisibles des nombreuses machines que nous avons étudiées, une quantité d'eau suffisante pour expliquer les phénomènes que nous avons attribués à l'action thermique des parois ? Et cette eau, ainsi suffisante, pouvait-elle n'être qu'une quantité relativement minime ?

Pour reconnaître ce qui en est et pour aller plus vite à mon but, je commencerai par admettre que les parois n'ont absolument aucune influence ; qu'elles ne reçoivent rien pendant l'admission, qu'elles ne perdent rien pendant la détente et la condensation. Je raisonnerai, en un mot, comme mathématicien pur, et non comme physicien : du moins dans la limite de ce qui est possible, sans tomber dans l'absurde.

J'analyse successivement les résultats de trois expériences qui ont été publiées déjà par M. Hallauer et par moi. La machine étudiée a été décrite à plusieurs reprises dans ces Bulletins et dans mes ouvrages. Elle est à un cylindre, sans enveloppe à vapeur ; diamètre $0^m,605$; diamètre de la tige du piston $0^m,08$; surface moyenne $0^{m^2},28496$; course du piston $1^m,703$; volume engendré $0^{m^3},48529$; espace nuisible $0^{m^3},005$; volume total offert à la fin de la course $0^{m^3},49029$; la machine est à détente variable, mais pendant les expériences, on maintient la détente constante à l'étendue voulue. La machine peut travailler avec vapeur surchauffée ou vapeur saturée. La vitesse habituelle est de $1,0183$ coup de piston par seconde, soit $30,55$ tours de volant par minute.

PREMIÈRE EXPÉRIENCE. — Vapeur saturée :

Pression dans la chaudière. $4^{atm},5$, $t = 146°,29$.
A l'admission . . . . $3^{atm},65556$, $t = 146°,78$, travail 5104, $AF_1 = 12,005$
Fin de détente. . . . . $0^{atm},9388$, $t = 969,24$,   »   6730, $AF_2 = 15,855$
Contre-pression. . . . . $0^{atm},352$, $t = 73°,2$,   »   1783, $AF_3 = 4,13$.

Dépense totale par coup de piston $M = 0^k,37318$; vapeur sèche $m_0 = 0^k,36262$; eau entraînée $0^k,01056 = (M — m_0)$. (Je dirai plus loin comment elle a été déterminée). Volume offert à la vapeur pendant l'admission $0^{mc},1259$; détente en volume $0,1259 : 0,49029 : : 1 : 3,89$.

Discutons convenablement ces données expérimentales.

D'après l'équation que donne M. Zeuner (page 294 de son ouvrage), la densité de la vapeur, répondant à la pression d'admission et de fin de détente, est

$$\gamma = 0,6061 \; p^{0,0833} \left\{ \begin{array}{l} = 2^k,048 \quad \text{à } 3^{atm},65556, \\ = 0^k,57118 \text{ à } 0^{atm},9388. \end{array} \right.$$

Le poids de vapeur sèche présente au cylindre au commencement de la détente et à la fin était donc

$$m_i = 0,1259 . 2,048 \quad = 0^k,257844,$$
$$m_s = 0,49 \quad .0,57118 = 0^k,279878.$$

Il se condensait ainsi pendant l'admission $0,36262 — 0,25784 = 0^k,10478$ et il se reformait pendant la détente $0^k,022034$.

Comme par hypothèse, l'expansion de la vapeur se faisait ici sans addition ni soustraction de chaleur du dehors, on a, d'après la belle loi de M. Clausius,

$$M \int_{T_1}^{T_2} \frac{c\,dT}{T} = M \left(2,43175 \log. \frac{T_2}{T_1} — 0,00045113 \, (T_2 — T_1) \right.$$

$$\left. + 0,00000045 \, (T_2^2 — T_1^2) \right) = \frac{m_i \, r_1}{T_1} — \frac{m_s \, r_0}{T_0},$$

Mais nous avions :

à $3^{atm},65556$. . . . $T_2 = 415°,63$, $r_2 = 507,78$, $q_i = 141,66$, $m_i = 0^k,257844$,
à $0^{atm},9388$. . . . . $T_1 = 371°,09$, $r_1 = 557,73$, $q_i = 98,78$, $m_s = 0^k,279878$.

— 19 —

Il résulte de là, en résolvant notre équation par rapport à M, après y avoir introduit tous les termes indiqués numériquement

$$M \,(0{,}11044577) = 0{,}4055587 - 0{,}316534,$$

d'où

$$M = 0^\text{k}{,}806049.$$

Telle est donc la masse totale d'eau et de vapeur qui serait présente dans le cylindre à chaque coup de piston. Sur cette masse, $0^\text{k}{,}806049 - 0^\text{k}{,}37318 = 0^\text{k}{,}432869$ se trouverait en permanence dans les espaces perdus, au commencement de l'admission. Et ce sont ces $0^\text{k}{,}432869$ qui condenseraient les $0^\text{k}{,}10478$ pendant l'admission.

Voyons maintenant de quelles limites de températures il nous faudrait disposer pour opérer cette condensation.

Notre poids de vapeur, produit dans la chaudière à $148°{,}29$, se condense dans le cylindre *sans rendre de travail externe* et se résout en eau à $140°{,}78$, ce qui représente $141°{,}66$ par kilogramme. Il nous donne donc

$$0{,}432869 \,(q_x - q_0) = 0{,}10478 \,(606{,}5 + 148{,}29 . 0{,}305 - 141{,}66) = 53°{,}45.$$

L'eau en poussière que cette vapeur entraîne tombe aussi de $148°{,}29$ à $140°{,}78$, ce qui représente $7°{,}59$ par kilogramme. Mais comme nous n'avons que $0^\text{k}{,}0106$ de cette eau en poussière, cette addition de $7°{,}59 . 0{,}0106 = 0°{,}08$ est presque négligeable. Nous avons ainsi l'égalité

$$(141{,}66 - q_x) = \frac{53{,}45}{0{,}43287} = 123°{,}48.$$

En résolvant par rapport à q_x, nous trouvons $q_x = 18°{,}18$.

C'est la quantité de chaleur et *ici la température* que devrait avoir l'eau en provision. Ceci est, comme on voit, une impossibilité. La température la plus inférieure qu'on puisse admettre, pour rester favorable à la critique de M. Zeuner, c'est $73°{,}2$ ou celle qui répond à la contre-pression. Cette température nous donne $q_x = 73°{,}5$, d'où

$$\mu \,(141{,}66 - 73{,}5) = 53°{,}45 \equiv \mu = 0^\text{k}{,}784184$$

pour la valeur de la masse d'eau en provision qui serait capable de condenser nos $0^k,10478$. On voit que la provision devrait être bien plus grande encore que ne le supposait le résultat de la détente. Introduisons cette valeur dans l'équation de M. Clausius, en y prenant cette fois la masse finale de vapeur pour inconnue ; il vient, en nous servant de nos nombres connus

$$(0,37318 + 0,784181)\left(2,43175 \log\left(\frac{413,63}{371,09}\right) - 0,00045115.42,54 + 0,00000015.33382\right) = m_2\left(\frac{537,73}{371,09}\right) - 0,257844\,\frac{507,73}{413,63},$$

d'où

$$m_2 = 0^k,30666,$$

c'est-à-dire une masse de vapeur s'approchant de très près de la dépense totale. Ai-je besoin de dire qu'un pareil nombre est absolument ment inconciliable avec les résultats fournis par les diagrammes ?

J'ai dit que la température la plus basse qu'on puisse admettre au cas particulier, en faveur de l'hypothèse de M. Zeuner, est celle qui répond à la contre-pression. Mais il est évident par soi-même que cette température n'est réellement pas admissible. C'est sur le piston, sur les couvercles et dans les boîtes à tiroir que se rassemble la provision d'eau, à la fin de la course ; or ces parties de l'organisme se trouvent à une température de peu de degrés inférieure à celle de la vapeur pendant l'admission ; disons : $130°$ au minimum. Il est physiquement impossible que notre provision μ, étalée sur une grande surface à $130°$, reste seulement un centième de seconde à $73°,2$; il est physiquement impossible qu'elle reste, ne fût-ce qu'à une dizaine de degrés, au-dessous de $130°$; dans les machines, d'ailleurs, où il se fait un refoulement de vapeur notable à la fin de la course, cette température est élevée instantanément par ce seul fait. En posant, par exemple, $t = 120°$, d'où $q_x = 120°,8$, ce qui est probablement bien près de la vérité, il vient

$$\mu (141,66 - 120,8) = 53°,45, \qquad \text{d'où } \mu = 2^k,562.$$

Cette valeur de μ est, comme on voit, *monstrueuse*, je ne puis employer d'autre épithète. Une pareille masse d'eau en *permanence* dans les espaces libres serait un danger *permanent* pour l'existence d'une machine.

Mais je passe à l'argument capital, qui réduit à l'impossible, si cela est encore nécessaire, l'hypothèse d'une provision d'eau, capable d'expliquer les phénomènes réels que présente la machine à vapeur. Je vais démontrer que si, quand la machine est à son régime normal, nous y introduisions artificiellement une certaine provision d'eau μ, cette provision irait en diminuant rapidement, le cylindre étant même dépourvu d'enveloppe à vapeur, mais pourtant tolérablement construit. Pour bien me faire comprendre, je commence par placer la machine entièrement en dehors de la réalité des faits.

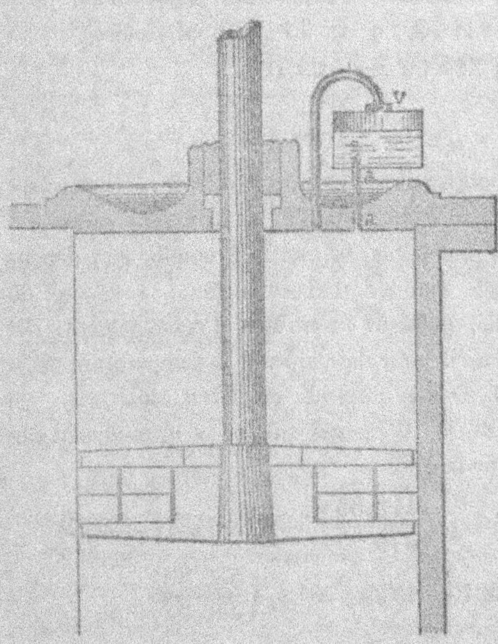

A l'aide de tubes à clapets, comme l'indique la petite figure ci-jointe, mettons le haut et le bas du cylindre en rapport avec deux réservoirs hermétiques de quelques litres de capacité, dans chacun desquels nous introduirons la provision d'eau μ. Supposons, pour le moment, qu'il ne s'accumule pas d'autre eau dans les espaces libres. Par suite du mécanisme de nos deux petits appareils, il est visible que pendant l'admission, la vapeur pénétrera instantanément dans la masse μ par le tube $a\,a$; cette eau se mettra à la température t_1 répondant à la pression d'admission. Au contraire, lorsque la détente commencera, la soupape S se fermera, la soupape F s'ouvrira, et l'eau du réservoir correspondant sera continuellement soumise à la pression de la vapeur au cylindre. Il en restera encore ainsi pendant la période d'échappement. Il est facile de reconnaître que notre provision μ fonctionnera absolument comme elle le fait dans les équations de M. Zeuner, à cette différence près que *sa permanence est assurée*. C'est maintenant ce que je vais démontrer analytiquement. Soit π le poids qui, pendant l'admission, se condense dans l'eau pour porter sa température de t_5 à t_1 ; nous avons la relation

$$\pi \, (606{,}5 + 0{,}305 \, t_0 - q_1) = \mu \, (q_1 - q_5).$$

Pour prendre de suite une forme bien saisissable, je conserve nos valeurs numériques relatives à l'expérience ici discutée, et je pose $t_0 = 150°$, $q_1 = 141°{,}66$, $q_5 = 73°{,}5$; il en résulte

$$\pi \, 510{,}59 = \mu \, 68{,}16,$$

d'où

$$\mu = \pi \, 7{,}491.$$

Lorsque la détente commencera, l'eau du réservoir correspondant parvenue à la température $t_1 = 140°{,}78$, se trouvant soumise à une pression de plus en plus faible, se mettra à bouillir aux dépens de sa chaleur propre ; elle tombera d'abord, comme la vapeur du cylindre, à $98°{,}24$: puis, pendant la période d'échappement, elle continuera encore de bouillir pour descendre à la température de la contre-pression, ou $73°{,}2$. La quantité évaporée ainsi nous est donnée par l'équation de M. Clausius, qui, en y introduisant nos nombres convenables, devient ici

$$(\mu + \pi) \left(2{,}43173 \, \log. \left(\frac{413{,}63}{346{,}05} \right) - 0{,}0045113{.}67{,}58 \right.$$
$$\left. + 0{,}00000045{.}51339 \right) = m_5 \left(\frac{555{,}33}{346{,}05} \right),$$

d'où

$$m_5 = (\mu + \pi) \, 0{,}112795.$$

En remplaçant maintenant μ par sa valeur, il vient

$$(\pi + \pi \, 7{,}491) \, 0{,}112795 = m_5 = 0{,}958 \, \pi.$$

ce qui nous apprend que la quantité qui s'évapore de nos réservoirs est un peu plus faible que celle qui s'y condense, d'où il résulte que la masse d'eau, primitivement placée dans ces réservoirs, irait en croissant. On pourrait donc, au premier abord, être porté à croire qu'il en serait absolument de même de notre masse μ, si, au lieu d'être logée dans nos deux petits réservoirs, elle se trouvait dans le cylindre. Une telle conclusion pourtant n'est possible que si l'on raisonne complétement en dehors de la réalité des faits ; elle tombe, au contraire, pour peu qu'on raisonne sur ce qui a lieu effectivement. L'expérience que je viens de faire avec un appareil bizarre placé aux deux bouts du cylindre nous montre alors le mieux l'immense différence existant entre l'action réelle des parois, si faible qu'on la suppose avec M. Zeuner, et l'action de la masse additionnelle d'eau μ de nos petits réservoirs, ou de la même masse supposée éparpillée dans les espaces perdus, sur les couvercles, sur le piston, etc. Tandis que celle-ci ne bout aux dépens de sa propre chaleur que tant que la pression à laquelle elle est soumise est inférieure à celle qui répond au point de saturation, l'eau répandue sur des parois tenues constamment à une température peu inférieure à t_1, est forcée à bouillir depuis le moment où la détente commence jusqu'à la fin de la condensation. Dans ces nouvelles conditions, et si nous réduisons autant que l'on voudra la part d'action des parois, il est bien évident que le facteur qui lie nos deux éléments m_2 et π va devenir tel, que, bien loin d'avoir $m_2 < \pi$, nous aurons au contraire $\pi < m_2$, c'est-à-dire que μ ira en diminuant, et, il ne me serait pas difficile de le prouver, en diminuant de plus en plus vite.

Soumettons les résultats de notre expérience à l'épreuve des équations mêmes de M. Zeuner. En désignant par μ la provision d'eau invariable, et par ρ la chaleur que représente le travail interne disponible, et en nous servant d'ailleurs de nos symboles déjà connus, nous avons, d'après M. Zeuner,

$$L_2 + Q = M(q_1 + x_1 r_1) + \mu(q_1 + x_1 \varrho_1) - (M + \mu)(q_2 + x_2 \varrho_2).$$

La fraction x désigne ici le poids relatif de la vapeur présente dans la masse totale, L_3 désigne le travail de l'admission traduit en chaleur, et Q_3 la chaleur reçue par les parois pendant l'admission. En remplaçant les lettres par les diverses valeurs expérimentales ou tabulaires correspondantes, il vient

$$11{,}2 + Q_3 = 0{,}57318\,(149{,}25 + 0{,}9717\,.\,502{,}48) + 0{,}432869\,(q_3 + x_3\,\varrho_3)$$
$$- 0{,}806013\,(141{,}66 + 0{,}31985\,.\,464) = 237{,}906 + 0{,}432869\,(q_3 + x_3\,\varrho_3) - 233{,}811,$$

d'où

$$Q_3 = -7{,}105 + 0{,}432869\,(q_3 + x_3\,\varrho_3).$$

Les doutes, avant la résolution complète de l'équation, ne peuvent porter que sur les valeurs à donner à q_3, x_3 et ρ_3. A l'époque de l'expérience discutée, le tiroir de sortie restait ouvert presque jusqu'à la fin de la course du piston ; le refoulement de la vapeur était ainsi presque nul, et l'on peut admettre sans crainte de commettre une erreur appréciable $q_3 = 73°{,}5$, d'où il résulte $\rho_3 = 517°{,}62$, $u_3 = 4{,}3993$, d'où

$$x_3 = \frac{0^{m^3}{,}005}{4{,}3993\,.\,0{,}43287} = 0{,}00264.$$

L'introduction de ces nombres nous donne

$$Q_3 = 25°{,}30.$$

Les parois auraient donc reçu pendant l'admission $25°{,}30$, et l'eau présente aurait reçu $53{,}45 - 25{,}30 = 28°{,}15$.

Ainsi, en faisant même intervenir nos $u = 0^s{,}43287$ *(impossibles)* d'eau constante, les parois entreraient encore pour près de la moitié dans la condensation qui a lieu pendant l'admission. Si cette valeur de u était une réalité au lieu d'être une impossibilité, il ne serait pas encore permis de dire que les parois n'interviennent que pour une part très petite dans les phénomènes.

A part toute question de critique, juste ou fausse d'ailleurs, le problème de physique-mécanique examiné ici est des plus intéressants en lui-même. Je crois donc rendre service aux investigateurs futurs en l'attaquant d'un autre côté, pour l'épuiser complètement.

Dans toutes les expériences que j'ai faites sur la machine dont nous nous occupons, l'eau d'injection au condenseur, ainsi que les températures initiales et finales, était soigneusement mesurée. Étant connue la dépense de la machine en vapeur, on avait donc un moyen précieux de contrôle quant au travail total fourni ; ou réciproquement, étant connu le travail total, on avait un moyen rigoureux de vérifier la dépense en vapeur. Dans ces derniers temps plusieurs auteurs, sans attaquer le principe même de cette expérience, ont avancé qu'elle présente des chances d'erreur, dont il n'est pas possible de trouver toujours l'origine, et qu'en définitive on est exposé à des fautes allant jusqu'à vingt-cinq pour cent, de telle sorte que, loin de servir de moyen de contrôle pour le travail de la machine ou pour la vapeur consommée, elle ne serait propre qu'à jeter le trouble dans l'esprit du physicien. Il y a dans cette assertion une méprise qu'il est des plus utiles de signaler. J'avais eu primitivement l'idée de me servir de ce procédé pour vérifier directement la dépense en vapeur. Je jaugeais non seulement l'eau injectée, mais encore l'eau rejetée du condenseur ; l'opération étant supposée faite exactement, et elle peut l'être à un centième près, la différence des deux poids doit donner, rigoureusement *à ce qu'il semble*, le poids de vapeur et d'eau ajouté à l'eau d'injection. Je dis : *à ce qu'il semble*. C'est ici, en effet, le côté réellement fautif, mais le seul fautif, de ce genre d'expériences. En admettant même qu'on recueille toute l'eau tiède qu'extrait du condenseur la pompe pneumatique, ce qui est quelquefois difficile à réaliser, il existe une cause permanente de déchet, qu'il est facile d'apercevoir, mais dont il est impossible de mesurer la grandeur. La pompe pneumatique, en effet, ne tire pas seulement de l'eau du condenseur ; elle en extrait aussi de l'air, en plus ou moins grand volume, et cet air s'échappe *saturé de vapeur* à la température de la condensation. On doit donc, par ce procédé, trouver toujours une dépense de vapeur un peu moindre que celle que donne la pesée directe de l'eau d'alimentation de la chaudière. Il s'en faut toutefois beaucoup que cette perte puisse s'élever à dix pour cent seulement, bien loin d'aller à vingt-cinq. Quoi qu'il en soit, ce n'est point de ce genre de mesure qu'il est question dans le cas présent. J'ai dit qu'étant connue la quantité de chaleur gagnée par l'eau d'injection, et étant connu soit le travail de la machine, soit sa dépense en vapeur, ce procédé calorimétrique fait connaître par contre coup, soit la dépense, soit le travail, et qu'il devient un moyen de contrôle précieux. En ce sens, en effet, j'affirme que des erreurs de cinq pour cent sont le maximum de ce qui est tolérable, pour peu que l'expérimentateur soit un peu attentif.

Je vais maintenant mettre hors de doute, aux yeux de chacun, le degré d'exactitude et d'utilité de ce moyen de mesure calorimétrique.

Dans l'expérience que j'analyse, la dépense en vapeur et en eau, mesurée directement et exactement, était, avons-nous vu, $M = 0^k,37318$ par coup de piston, à la pression de $4^{atm},5$. Le travail total effectif relevé à l'indicateur de Watt et au pandynamomètre s'élevait à 10051 kilogrammètres, ce qui représente $23^c,65$ de chaleur consommée. La quantité d'eau injectée au condenseur était de $9^k,5143$; cette eau gagnait $(32^\circ,73 - 11^\circ,81) = 20^\circ,92$, soit $199^c,04$. Il est clair maintenant que si, à ces $199^c,04$, nous ajoutons les $23^c,65$ qu'a coûtées le travail de la machine, et la perte par rayonnement du cylindre, la perte qu'éprouve l'eau de condensation elle-même avant d'arriver à l'appareil de mesure, etc., nous aurons rigoureusement la quantité de chaleur dépensée par la chaudière pour produire le mélange M_0. Ces dernières pertes sont loin d'être faciles à évaluer exactement ; mais elles sont fort heureusement très minimes en toute hypothèse : en les estimant en tout à trois calories, dont 1,5 pour les pertes du cylindre et 1,5 pour celles de l'eau, nous sommes ici très près de la vérité. Nous avons ainsi, en somme, $225^c,65$ pour la dépense que nous devons trouver à la chaudière. Désignons par m_0 le poids de vapeur sèche dépensé, le poids d'eau entraînée sera $(0^k,37318 - m_0)$. Nous avons ainsi, en recourant à la formule bien connue de Regnault,

$$225,65 = m_0 (606,5 + 148,29.0,305 - 32,73)$$
$$+ (0,37318 - m_0) (149,25 - 32,73),$$

d'où nous tirons $m_0 = 0^k,36262$ pour la dépense en vapeur sèche, et, par suite, $(0^k,37318 - 0^k,36262) = 0^k,04056$ pour le poids d'eau en poussière entraînée. Une expérience calorimétrique directe m'avait donné de un à un et demi pour cent. Ce seul exemple suffit, il me semble, pour montrer ce qu'on peut tirer de notre méthode calorimétrique, *bien employée*. Utilisons-la maintenant dans notre œuvre de réfutation de la critique de M. Zeuner.

Rappelons-nous qu'il s'est condensé $0^k{,}10478$ de vapeur au cylindre, pendant la période d'admission, et que les $53^c{,}45$ qu'a ainsi cédées la vapeur, diminuées de celles qu'a pu coûter le travail de la détente, et des autres pertes, doivent se retrouver dans l'eau de condensation. Remarquons de suite, bien expressément, que tout ce que nous retrouverons ainsi constitue de fait une perte pour le rendement de la machine, quelles que soient maintenant les causes de la condensation pendant l'admission, qu'elles relèvent du fer des parois, comme nous le soutenons, ou de l'eau hypothétique en réserve comme le veut M. Zeuner. J'aurai occasion de faire cette remarque à plusieurs reprises encore.

Le travail de la détente représente $15^c{,}835$; nous venons de voir que la perte en rayonnement, etc. s'élève environ à 3 calories ; il reste donc $53^c{,}45 - 3^c - 15^c{,}835 = 34^c{,}645$ qui doivent faire partie des $199^c{,}04$ qu'a reçues l'eau d'injection. Examinons attentivement quelle quantité de chaleur nous apporte la vapeur quand elle se jette au condenseur.

Notre somme se compose visiblement : 1° du refroidissement au condenseur R_c ; 2° de la chaleur que représente le travail d'expulsion L_c ; 3° de la chaleur interne de la masse m_3 de vapeur présente à la fin de la détente ou $m_3 \rho_3$; 4° de la quantité de chaleur que cède la masse totale d'eau en tombant de t_3 à t_c, soit $M(q_3 - q_c)$; 5° de la chaleur μq_3 que possède la masse hypothétique d'eau diminuée de celle qu'elle conserve partiellement à l'état fluide et partiellement à l'état de vapeur, dans l'espace nuisible ou $\mu(q_2 - q_3 - x_1 \rho_3)$; 6° enfin de la perte p prise négativement que subit l'eau de condensation sur son trajet. Il vient ainsi, en somme,

$$\mu_1(q_2 - q) = R_c + L_c + m_3 \rho_3 + M(q_3 - q_c) + \mu(q_2 - q_3 - x_1 \rho_3) - p.$$

Il est facile de s'assurer que cette équation répond rigoureusement à l'équation IV que donne M. Zeuner (page 25 de sa Critique) pour exprimer les phénomènes de la condensation :

$$Q_2 + L_0 = G_2 q + G_1 (q_2 - q) + G_2 (q_2 + x_2 \rho_2) - (G + G_1)(q_1 + x_1 \rho_1).$$

Je me suis permis d'y changer simplement les lettres Q_2, G, G_2, G_1, en R_c, M, μ, H_0, que j'ai employées dans mes publications et que d'ailleurs M. Zeuner avait lui-même employées en partie dans son grand ouvrage. Le seul terme qui fasse naturellement défaut dans l'équation de M. Zeuner, c'est μ, qui est, comme je viens de dire, très petit. En substituant aux lettres les nombres connus qui y répondent, nous avons

$$199,04 = R_c + 4,19 + \mu (98,72 - q_2 - x_2 \rho_2) + 0,37318$$
$$(98,72 - 32,73) + 0,270878 . 497,7 - 1,5,$$

équation qui, tout calcul achevé, nous donne :

$$R_c + \mu (98,72 - q_2 - x_2 \rho_2) = 32,45.$$

Nous aurions dû trouver :

$$R_c + \mu (98,72 - q_2 - x_2 \rho_2) = 34°,65.$$

J'accorde très volontiers que la différence $2°,2$ dérive d'erreurs d'observation. Si le lecteur réfléchit au nombre de termes, tous expérimentaux et des plus compliqués qui entrent dans ce résultat final, je ne pense pas qu'il fasse un grave reproche d'une aussi minime erreur ni à l'observateur qui a relevé les nombres, ni à l'analyste qui vient de les mettre en œuvre.

Dans notre équation finale, nous pouvons, sans risque de trop d'erreur, remplacer q_2, x_2, ρ_2, comme nous l'avons déjà fait, par les valeurs $73°,5$, $0,00264$, $517°,62$; il vient ainsi

$$R_c + 23,85 \mu = 32,45.$$

Anéantissons encore une fois notre terme R_c ; il en résulte

$$\mu = 1^s,361.$$

Nous avions, par une toute autre voie, trouvé $\mu = 0^s,43287$, valeur que nous avons dû reconnaître impossible ; ici nous aboutissons à une valeur encore plus forte. Si nous maintenons notre valeur déjà impossible $\mu = 0^s,43287$, nous trouvons $R_c = 22°,13,$

perte double de celle qu'occasionne l'eau. Dans l'hypothèse la plus favorable à la critique de M. Zeuner, ce nombre est loin d'être aussi minime que l'auteur le suppose. Ainsi ici encore, si même l'existence de la masse μ en permanence était possible, elle ne suffirait pas à beaucoup près pour expliquer les phénomènes; et il serait absolument inexact de dire, avec M. Zeuner, que R, joue un rôle bien moindre que les chercheurs alsaciens ne l'avaient avancé.

Mais, répétons-le, si l'on introduisait artificiellement la masse μ dans les espaces perdus, pendant la pleine marche de la machine, cette masse irait en diminuant rapidement, dans toute machine un tant soit peu bien construite, fût-elle sans enveloppe à vapeur. Ainsi que nous le verrons, dans un cylindre avec enveloppe à vapeur il ne saurait pas même être question d'une pareille provision d'eau.

Seconde expérience, sur la même machine. Vapeur surchauffée à 223° avec pression de 48075^k dans la chaudière ($t = 150°$ environ); poids de vapeur par coup de piston, 0^k,2822; poids d'eau injectée au condenseur, 8^k,5083; température initiale, 16°,3; température finale, 35°,26. Valeurs déduites des diagrammes :

Fin d'admission $P_1 = 23070^k$, $t_1 = 124°,0$, $q_1 = 124°,88$, $r_1 = 518,44$, $\varrho_1 = 477,82$

Fin de course.. $P_2 = 8417^k$, $t_2 = 94°,4$, $q_2 = 94°,83$, $r_2 = 540,16$, $\varrho_2 = 500,73$

Densité de la vapeur : à P_1, $\gamma = 1,2888$; P_2, $\gamma = 0^k,49991$.

On voit que dans cette expérience, qui est décisive en bien des sens, la vapeur était fortement étranglée par la valve d'admission, puisque la pression tombait de 48075^k à 23070^k. La course pendant l'admission était de

$$\frac{0,2224 - 0,005}{0^{m^2},285} = 0^m,76;$$

la course totale étant, comme je l'ai dit, 1^m,703.

Le volume total offert pendant l'admission étant 0$^{m^3}$,2224, la densité de la vapeur saturée étant 1,2888, on aurait $0,2224 \cdot 1,2888 = 0^k,28663$ pour la dépense avec vapeur saturée; en réalité, la dépense n'était que de 0^k,2822; le gaz aqueux était donc très légèrement surchauffé.

A la fin de la détente, la pression étant tombée à 8417^k, la densité est 0,49991 et le volume offert est 0^{m3},49 ; le poids de vapeur calculé est donc 0,49.0,49991 = 0^k,24496 ; le poids réel n'est que 0^k,2822 ; il s'est donc condensé 0^k,03724.

Discutons ces résultats en admettant d'abord que les parois soient absolument inactives.

Nous avons un poids de vapeur de 0^k,2822 à 223° qui tombe à 124° sans rendre aucun travail externe. La chaleur disponible ainsi rendue est *(environ)* :

$$0,2822 . 0,5 (223 — 124) = 13°,97.$$

Supposons que cet abaissement de température soit dû à la présence d'une provision constante μ d'eau, nous disposons ici tout au plus d'une différence de température de $(124° — 80°) = 44°$; il vient donc ainsi

$$\mu (124,71 — 80,35) = 13,97, \quad \text{d'où } \mu = 0^k,3149$$

pour la valeur approximative de μ. Nous aurions ainsi une masse totale 0^k,5971 présente au cylindre pendant la détente. Supposons encore que celle-ci ait lieu sans addition ni soustraction de chaleur du dehors. Il vient, à l'aide de notre équation bien connue

$$0,5971 \left(2,43175 \log \frac{396,85}{367,25} — 0,00045113 . 29°,6 + 0,0000045 . 22617\right)$$

$$= m_2 \left(\frac{540,46}{367,25}\right) — 0,2822 \frac{519,44}{396,85} .$$

et

$$m_2 = 0^k,28292.$$

D'où il résulte, comme on pouvait d'ailleurs le prévoir, que le poids de vapeur eût dû s'accroître, loin de diminuer, ainsi que cela a eu lieu réellement.

Évaluons maintenant la valeur de la chaleur interne, de la chaleur disponible, au commencement et à la fin de la détente. Cette chaleur a pour expression :

$$\text{Au début} \quad U_2 = 0^k,2822 . 124°,88 + 0^k, 2822 . 477°,82 = 169°,94$$
$$\text{A la fin} \quad U_1 = 0^k,2822 . 94°,83 + 0°,24496 . 500°,73 = 149°,42 \quad \Big\} \; U_2 — U_1 = 20°,52.$$

Il s'opère donc un abaissement de 20°,52. Une partie de cette perte est due au travail de la détente, qui coûtait, d'après les diagrammes, $9°,24$; une autre est due aux pertes externes que nous avons évaluées à $2°,5$; soit en tout $11°,74$; il nous reste encore une perte de $20°,52 — 11°,74 = 8°,78$, qui, bien évidemment, puisque par hypothèse les parois n'agissent pas, ne peut s'expliquer par la présence d'une provision d'eau, dont l'effet, pendant la détente, eût été *précisément contraire*.

Que devrions-nous retrouver dans l'eau de condensation, si aucune cause de restitution n'existait? — Nos $149°,42$ augmentées de la chaleur que représente le travail de l'expulsion pendant la condensation, laquelle, d'après les diagrammes, s'élève à $2°,17$, soit en tout $151°,59$, diminuée de celle que représente encore l'eau due à la vapeur condensée ou $0^k,2822.35,26 = 9°,95$. Nous ne devrions donc en réalité retrouver que $141°,64$. Mais il nous resterait alors une perte sans compensation aucune, à savoir de $13°,96$ que la vapeur a cédée pendant l'admission et de $8°,78$ qu'elle a cédée pendant la détente, soit en tout $22°,74$. Or nos $8^k,5983$ d'eau d'injection ont reçu

$$8,5983 (35,26 — 16,3) = 163°,02,$$

soit

$$141,64 + 22,74 = 164°,38.$$

La petite différence $1°,36$ relève évidemment d'erreurs expérimentales; il n'y a donc aucune perte *(impossible)*, il n'y a qu'un transport de chaleur *à expliquer*; et cette explication ne peut, sans contre-sens flagrant, être cherchée dans l'action d'une provision d'eau constante. Ce transport ne peut être attribué qu'à l'action, ici d'une évidence criante, des parois, qui reçoivent de la chaleur non seulement pendant l'admission, mais même, contrairement à ce qui a lieu dans la grande généralité des cas, pendant la détente. Nous verrons bientôt combien cette explication est délicate au cas particulier et combien elle exige qu'on ait présents à l'esprit les principes rationnels de la physique.

Troisième expérience. — Je cite enfin encore une expérience faite sur la même machine, avec vapeur saturée :

Chaudière..... $p_0 = 4970^k$, $t_0 = 150°,77$,
Admission .... $p_1 = 3893^k$, $t_1 = 141°,30$, $q_1 = 142,25$, $r_1 = 507,35$, $\rho_1 = 463,23$,
Fin de détente. $p_2 = 5737^k$, $t_x = 84°,33$, $q_x = 84,65$, $r_x = 547,89$, $\rho_x = 508,30$,
Dépense totale. $M = 0,2634^k$, vapeur sèche $m = 0,2604$,
Fin d'admission......... $m_1 = 0^{mc},0798.2,0758 = 0^k,1656$,
Fin de course............ $m_x = 0^{mc},49 .0,3484 = 0^k,1707$.

Je supposerai, comme précédemment, que les parois n'ont aucune action thermique. Il résulte de là, pour la provision d'eau hypothétique des espaces perdus

$$M_0 \left(2,31175 \log \left(\frac{414,15}{357,18}\right) - 0,00045113.56,97 + 0,0000043.771,35.56,97\right)$$

$$= m_x \left(\frac{547,89}{357,18}\right) - 0,1656.\frac{507,35}{414,15},$$

d'où

$$M_0 = 0^k,39223.$$

Au premier abord, cette valeur de M_0 n'a rien de particulier. Il ne semble nullement impossible qu'une pareille quantité d'eau reste adhérente aux parois. Voyons-y cependant de plus près. La dépense de la chaudière, en vapeur sèche, était $0^k,2604$; la vapeur présente à la fin de l'admission était $0^k,1656$. Il s'est donc condensé $0^k,2604 - 0^k,1656 = 0^k,0948$.

La chaleur disponible de cette vapeur s'élevait à

$$0,0948 (606,5 + 150,77.0,305 - 142,25) = 48°,37.$$

Il vient ainsi approximativement

$$0,39223 (q_1 - q_x) = 48,37,$$

d'où

$$q_1 - q_x = 123°,32.$$

En posant, comme de raison $q_1 = 142°,25$, on a $q_x = 18°,93$, ce qui nous apprend que la provision d'eau devrait être à $19°$ environ pour pouvoir condenser les $0^k,0948$ de vapeur. Ce résultat répond en physique aux quantités imaginaires des mathématiques. Prenons pour q_x la valeur la plus inférieure qui se puisse admettre, soit $84°,65$; il en résulte

$$M_0 (142,25 - 84,65) = 48,37$$

ou

$$M_0 = 0^k,83976.$$

— 33 —

Cherchons, avec cette nouvelle valeur de M_0, les chaleurs internes au commencement et à la fin de la détente. Nous avons

$$U_1 = 0,83976.142,25 + 0,1656.463,23 = 196,17$$
$$U_2 = 0,83976.\ 84,65 + 0,1707.508,30 = 157,86$$
$$U_2 - U_1 = 38,31.$$

La chaleur qu'a coûtée le travail de la détente relevé à l'indicateur est $13°,7$, c'est-à-dire à peu près le tiers de celle qui aurait disparu réellement. Cette disparition, inexplicable, impossible, de $38°,31 - 13°,7$, nous apprend simplement que la quantité $M_0 = 0^k,83976$ est elle-même une impossibilité.

En résumé donc, et comme conclusion à tirer des trois expériences très différentes que je viens de citer, nous voyons que la présence d'une provision d'eau constante, capable d'expliquer les phénomènes que nous avons attribués à l'action des parois, est rigoureusement inadmissible, même pour le cas où notre machine marchait avec vapeur saturée. S'il se trouvait en effet de l'eau dans les espaces perdus, c'était en quantité minime, et absolument insuffisante pour expliquer les phénomènes avec les équations de M. Zeuner. Et pour le cas de la machine marchant avec vapeur surchauffée, la présence d'une provision d'eau constante et autre que celle que représente à chaque instant la vapeur de chaque coup de piston est une impossibilité absolue. Je pourrais multiplier les exemples en quelque sorte indéfiniment et nous arriverions toujours à la même conclusion générale. Je me borne à renvoyer les personnes, que d'autres détails intéresseront, au beau travail que M. Hallauer a bien voulu faire à cette occasion et qui suit le mien.

Le résumé de M. Hallauer restera désormais un document inséparable de tout travail qui aura la prétention d'établir la théorie de la machine à vapeur sans heurter trop violemment les faits. Je continue donc la discussion sous la forme que j'ai adoptée, mais je redeviens à partir de ce moment physicien, et c'est comme tel que je raisonne pour rentrer dans la réalité des faits.

Rappelons-nous deux principes essentiels qu'il n'est permis à aucun théoricien de perdre de vue :

1° Il est rigoureusement impossible que de la vapeur à la pression P_0 et à la température relative t_0, se trouve en contact avec une surface métallique à une température $t_1 < t_0$, sans qu'une partie de cette vapeur se condense instantanément de façon à ramener l'égalité des températures ; cette résolution en eau a même lieu nécessairement avec la vapeur surchauffée. Les parties de celle-ci, en contact immédiat avec le métal, perdent leur excès de chaleur et se liquéfient, alors que tout le restant de la masse peut conserver sa surchauffe ;

2° Il est rigoureusement impossible que de l'eau soumise à une pression P_0, à laquelle répond la température de saturation t_0, se trouve sur une surface métallique à la température $t_1 > t_0$ sans bouillir, sans se vaporiser, non seulement aux dépens de sa chaleur propre, mais encore aux dépens de la chaleur du métal.

L'intensité de ces deux phénomènes opposés dépend, cela va de soi, de l'étendue et de la netteté des surfaces métalliques et des différences de températures.

Que les parois des cylindres de nos machines se trouvent dans les conditions voulues pour produire ce double phénomène, condensation et évaporation alternatives de vapeur, et d'eau, cela est évident.

1° Jamais les couvercles et les parties supérieures des cylindres, lorsque la machine est sans enveloppe à vapeur, n'ont la température correspondante à la tension dans les cylindres pendant l'admission. 2° Ces parois ont, au contraire, partout une température supérieure à celle qui correspond à la tension pendant la détente et surtout pendant la condensation. Qu'il se condense de la vapeur, pendant l'admission, dans un cylindre sans enveloppe ; qu'il s'évapore de cette eau de condensation pendant que la vapeur se jette au condenseur, cela ne saurait un seul instant être révoqué en doute. Mais quel est le degré d'intensité, quelle est l'amplitude de ce double phénomène ? Voilà la question, sous forme pratique. Je ne parlerai pas des condenseurs à surface et sans eau injectée aujourd'hui employés en marine. Ici les surfaces sont énormes relativement et la différence des températures l'est aussi. Je ne rappellerai non plus ce fait, déjà plus frappant pourtant, c'est que nos machines ordinaires, dont le condenseur est immergé dans l'eau, peuvent, à de faibles charges, marcher sans eau injectée, et condenser ainsi uniquement par surfaces métalliques. Ici encore, on peut dire que la différence disponible des températures est très grande. Mais je m'arrête aux phénomènes qui se passent dans le cylindre même d'une machine sans enveloppe à vapeur lors de sa mise en train, phénomènes que chacun est à même d'observer journellement, pour peu qu'il sache voir et surtout écouter. Qu'il se fasse des condensations très énergiques lorsqu'une machine est toute froide, cela est tout naturel, et ce n'est point de ce cas que je veux parler. Je fais mention de ce qui se passe après l'arrêt d'à peine une heure, qui a lieu dans les usines au milieu du jour. Les cylindres des grandes machines, loin d'être refroidis au bout d'un aussi court temps, sont à une température d'à peine 10 ou 15° au-dessous de leur température de travail, et cependant tout observateur attentif est frappé des quantités énormes de vapeur qui se condensent au moment de l'admission. Dans les machines à vapeur surchauffée sur lesquelles j'ai fait tant d'expériences, le soigneur commençait par purger le tuyau d'amener de la vapeur jusqu'à ce que la vapeur fût parfaitement sèche, et pourtant dans ces conditions, et pendant près de cinq minutes après la mise en marche, on entendait distinctement l'eau se précipiter au condenseur à la fin de chaque coup de piston. A cette observation, dont chacun est à même de vérifier la justesse, j'en ajouterai quelques autres qui me sont personnelles et qui touchent aux fonctions que j'appellerais presque *intimes* de la machine. Après les dimanches et les jours d'arrêt, nos machines à surchauffe commençaient naturellement à travailler avec vapeur saturée ordinaire; ce n'est que peu à peu que l'appareil de surchauffe donnait l'élévation de température dont il était capable. Au début, lorsque la machine avait déjà cependant pris son régime normal, on n'entendait sans doute plus l'eau projetée, comme je l'ai dit à l'instant; mais le son produit par la vapeur, à l'entrée et à la sortie, était *mat* et *sourd*; on entendait parfaitement que la vapeur était chargée de particules de liquide. Peu à peu, à mesure que la surchauffe commençait à se manifester, le son devenait plus *sec* et plus *court*. Ce phénomène de sonorité était tellement accentué, qu'à 50 mètres de distance j'étais arrivé à distinguer parfaitement le degré de la surchauffe. Si je remonte plus haut dans mes souvenirs, je me rappelle qu'alors que j'ai fait mes premières expériences sur la machine Woolf marchant avec ou sans enveloppe à vapeur, j'étais déjà frappé de la différence du son produit par la vapeur, du timbre de ce son, de sa durée variable, etc. C'est tout l'ensemble de ces remarques qui, dès l'abord, m'a en quelque sorte fait deviner la vérité et assigner aux phénomènes leur vraie cause, lorsque j'ai vu des cylindres recevoir à l'admission souvent 30 et 40 %, de vapeur de plus que ne semblait le comporter le volume offert. C'est tout cet ensemble qui m'a tiré du premier étonnement que j'ai éprouvé en voyant une machine consommant, avec ou sans enveloppe, presque le même poids de vapeur par coup de piston ($0^k,4125$ et $0^k,4355$) donner 18 chevaux de travail de plus, dès que l'enveloppe fonctionnait.

Cette expérience sur l'enveloppe à vapeur, que j'ai eu l'heureuse chance de faire au début même de mes travaux sur la machine à vapeur, expérience dont j'ai eu depuis la satisfaction de reconnaître l'exactitude et dont, je le crains, M. Zeuner ne s'est pas assez préoccupé, tranche avec la brutalité d'un fait la question de l'action des parois. Devant ses résultats s'écroule toute la critique de mon éminent ami. De quelque manière, en effet, qu'on interprète le mode même de l'action, et dût-on ici encore chercher une provision d'eau constante dans les cylindres, toujours est-il que c'est à l'action thermique des parois du cylindre moteur, chauffées ou non chauffées par la vapeur de l'enveloppe, qu'est dû l'effet de celle-ci. A défaut même des preuves que j'ai tirées de l'analyse mathématique des expériences que j'ai citées plus haut, et des preuves du même ordre qui se trouvent accumulées dans le travail suivant de M. Hallauer, on serait déjà en droit de placer au premier plan l'action des parois dans tous les cas possibles, comme causes perturbatrices dans la théorie de la machine à vapeur, et de placer au second plan seulement l'influence de l'eau dont M. Zeuner invoque la présence dans sa critique.

Ainsi que le lecteur a pu le reconnaître de suite par la forme même de mon exposé, mon but n'est pas seulement de répondre à une critique partant d'un des savants les plus autorisés de notre époque, mais aussi, accessoirement, de présenter, sous une face nouvelle et saisissable, l'analyse des fonctions si compliquées de la machine à vapeur. Avant de continuer ma réponse, je pense donc intéresser mes lecteurs en examinant de beaucoup plus près les résultats de la seconde expérience que j'ai citée. Cet examen, je l'espère, jettera plus de jour sur l'action de l'enveloppe à vapeur elle-même et sur les étranges contradictions apparentes qu'ont signalées d'autres observateurs à ce sujet.

Nous avons vu que, dans l'expérience faite avec vapeur surchauffée et avec une détente de $0,76 \equiv 1,703$, la vapeur a cédé de la chaleur non seulement pendant l'admission, mais encore pendant la détente elle-même. Ce double phénomène ne peut être un seul instant imputé à la présence d'une certaine quantité d'eau en permanence dans les espaces perdus, car cette eau eût fait croître la masse de vapeur pendant la détente, au lieu qu'en réalité cette masse a diminué. Cette diminution de chaleur de la vapeur ne peut être due qu'aux parois du cylindre, dont la température moyenne se trouvait *au-dessous* de celle du point de saturation de la vapeur. Mais le phénomène de cession de chaleur peut s'expliquer de deux manières bien différentes. 1° On peut admettre que, pendant l'admission et pendant la détente, toute la masse de vapeur présente se refroidissait en faveur des parois et se comportait ainsi à peu près comme l'eût fait un gaz. 2° On peut admettre au contraire que, suivant le principe de physique que j'ai rappelé plus haut, une partie très faible de la vapeur se résolvait en eau au contact des parois, tandis que tout le reste de la masse conservait une température notablement plus élevée. Au point de vue physique, la différence est radicale entre ces deux interprétations. Au premier abord on pourrait être porté à croire qu'il est impossible de décider de ce qui en est réellement, et, de plus, que cela est même indifférent. Je vais montrer, d'une part, que notre méthode expérimentale alsacienne nous permet au contraire de trancher très nettement le doute, et, d'autre part, que, loin d'être indifférente, la solution réelle tient intimement à l'explication du mode de fonction de l'enveloppe à vapeur et des anomalies qu'on a remarquées dans ces fonctions.

Nous avons vu que les 22 calories cédées par la vapeur aux parois pendant l'admission et la détente, sont rendues intégralement par celles-ci à la vapeur quand elle se jette au condenseur et qu'ainsi on les retrouve dans l'eau de condensation. Les belles expériences de M. Witz, professeur de physique à Lille, ont montré que, contrairement à ce qu'on avait admis très longtemps, les gaz prennent avec une rapidité extrême la température des parois qui les limitent. Cette cession de 22 calories à un gaz n'aurait donc rien de paradoxal comme question de physique. Mais ce que chacun saisira de prime abord, c'est que si des parois de cylindre sans enveloppe à vapeur et, par suite, très médiocrement chaudes relativement, cédaient ainsi une telle quantité de chaleur à la masse gazeuse de vapeur, à plus forte raison cette cession devrait-elle être des plus énergiques, lorsque les parois du cylindre sont tenues partout à la température maxima par la vapeur d'une enveloppe. Or ici, nos expériences répondent péremptoirement.

J'ai montré (page 39 et suivantes de mon ouvrage, tome II, 3e édition) que, dans l'expérience que j'ai faite sur la machine Woolf, le refroidissement au condenseur R_c, chaleur cédée par les parois du cylindre, s'élevait à la somme énorme de 33 calories lorsque l'enveloppe ne fonctionnait pas, et tombait à 4 calories quand l'enveloppe agissait. J'ai montré que, dans une expérience faite par M. Hallauer sur des machines à un cylindre, le refroidissement au condenseur s'élevait à 49 calories sans enveloppe et s'abaissait à 3°,6 avec l'enveloppe. Dans la machine de M. Hallauer, la masse de vapeur présente au moment de la condensation au cylindre ne différait pas considérablement de celle qui passait par le cylindre de la machine à surchauffe dans l'expérience que j'ai citée. La masse présente au cylindre était à peu près la même. On ne voit pas le moins du monde pourquoi les parois d'un cylindre médiocrement chauffé céderaient 22 calories pendant la condensation, tandis que les parois très fortement chauffées d'un cylindre avec enveloppe ne céderaient plus même le quart de cette chaleur, à surfaces presque égales. Ce phénomène s'explique au contraire avec la plus extrême facilité, si l'on admet que dans notre cylindre à surchauffe une portion de la vapeur se liquéfiait contre les parois pendant l'admission et la détente, tandis que le restant gardait sa température élevée. Cette eau ruisselant sur les parois, s'évaporait instantanément au moment de l'ouverture du tiroir d'échappement et enlevait avec une rapidité extrême les 22 calories prises d'abord par les parois.

Le mode d'action de l'enveloppe est ainsi très nettement indiqué, comme je l'ai dit à plusieurs reprises dans mes travaux. Cet appendice, dû au génie de Watt, disons, à son profond bon sens de physicien, cet appendice si souvent critiqué, agit en diminuant dans la mesure du possible la condensation de vapeur qui aurait lieu autrement dans le cylindre pendant l'admission, et provoque, quand la détente s'opère, l'évaporation *utile* de l'eau ruisselant sur les parois; il augmente le travail de la détente et réduit le refroidissement au condenseur.

Aucun de mes lecteurs, je pense, ne m'en voudra pour cette espèce de digression. Elle fait ressortir en plein les difficultés que présente l'interprétation correcte des phénomènes si compliqués que présente le jeu de la machine à vapeur. J'en reviens à la partie critique proprement dite de ce mémoire.

Quels seraient les caractères, je dirais presque, les *propriétés* d'une théorie réelle de la machine à vapeur? Une théorie, *méritant ce nom*, permettrait, *a priori, et sans aucune expérience préalable sur des machines déjà existantes :*

1° Étant demandée une machine de N chevaux avec détente, condensation, pression P dans la chaudière, de déterminer les dimensions, la vitesse, la structure des organes, etc., etc., et enfin la dépense en vapeur par heure et par cheval de cette machine.

2° Ou bien, étant donnée une machine déjà construite, avec l'indication de tous les détails possibles de cette construction, de déterminer la dépense en vapeur de cette machine marchant à une pression de P_3 dans la chaudière et une vitesse de piston, par exemple de V.

Personne ne contestera, je pense, l'exactitude de la définition que je donne d'une véritable théorie *a priori*, ou pour mieux dire, personne ne contestera ce que je dis qu'on est en droit d'exiger d'une véritable théorie. Une telle théorie existe-t-elle? Non assurément. Il est impossible de déterminer *a priori* : 1° la chute de pression qui a lieu de la chaudière au cylindre; 2° la quantité de vapeur admise et d'eau condensée pendant l'admission, peu importe maintenant par quel motif; 3° le travail de la détente; 4° la contre-pression pendant la condensation, etc., etc. Et de toutes ces impossibilités réunies, il résulte que le calculateur le plus habile n'est pas sûr à *trente* ou même *quarante* pour cent près de répondre à la question posée en bloc!

J'ai donc eu parfaitement raison de distinguer, dès ma première édition de thermodynamique, deux genres de théories très diffé-rentes, quant à tous les moteurs thermiques en général. 1° La théorie *générique*, qui, partant des propriétés physiques et autres du corps recevant l'action de la chaleur dans le moteur, détermine *a priori* les principales circonstances des fonctions de la machine. Genre de théorie qui, par sa nature même, ne peut conduire qu'à de premières approximations. 2° La théorie pratique ou expéri-mentale, qui s'appuie sur l'étude directe des phénomènes que pré-sente une machine en activité et nous fait ainsi connaître peu à peu les principes à l'aide desquels nous pouvons réaliser un rende-ment maximum, etc., etc.

La première espèce de théorie est celle du cabinet, la seconde

est celle du laboratoire, disons bien plutôt, de l'atelier avec tous
ses inconvénients, avec toutes les difficultés que présentent des
locaux destinés à toute autre chose qu'à des expériences de physique. C'est à l'élucidation de ce dernier genre de théories que je
me suis attaché, et avec moi mes infatigables collaborateurs alsaciens. Nos efforts, je l'ai déjà prouvé dans les pages précédentes,
et le travail de M. Hallauer le mettra hors de toute conteste, nos
efforts n'ont point porté à faux. Une réflexion personnelle et quelque
peu philosophique me sera permise en passant.

Les expériences du genre de celles dont il s'agit sont pénibles
et fatigantes ; elles exigent des répétitions fréquentes et fastidieuses
à la longue ; elles sont même loin d'être toujours sans danger ; peu
de mes collaborateurs ont été sans expier de temps en temps leur
zèle, d'une façon ou d'une autre. Je crois avoir aligné suffisamment
d'équations dans le cours de ma carrière scientifique, pour avoir
quelque crédit comme analyste ; j'aurais pu tenter aussi de fonder
une théorie des moteurs à vapeur, si je l'avais jugé possible. Cela
ne m'eût assurément pas coûté plus d'efforts d'esprit que bien
d'autres de mes recherches, que mon travail sur l'état d'équilibre
des anneaux de Saturne, par exemple. Je dis : *si je l'avais jugé
possible*. Mais en ce cas, n'aurais-je, en vérité, pas été un insensé
de suivre, et un coupable de faire suivre à d'autres, une route
pénible et *rocailleuse*, pour n'atteindre qu'imparfaitement la solution
d'un problème, qui se trouvait au fond de mon encrier ? — Ma
conviction reste aujourd'hui ce qu'elle était il y a vingt ans : une
théorie proprement dite de la machine à vapeur est impossible ; la
théorie expérimentale, établie sur le moteur lui-même et dans
toutes les formes où il a été essayé en mécanique appliquée, peut
seule conduire à des résultats rigoureux. J'ajoute que si cette conviction avait encore besoin d'un étai plus solide, c'est la critique
même de M. Zeuner qui serait venue le lui fournir. Il ne me sera
pas difficile, en effet, de montrer que la théorie sur laquelle repose
cette critique n'est elle-même, pour dire vrai, qu'une théorie expérimentale *à faire*.

La thermodynamique a jeté la plus vive lumière sur la théorie générale de tous les moteurs thermiques; elle a permis de leur assigner leur rendement réel et d'en fixer les conditions. En ce qui concerne la machine à vapeur en particulier, et ses fonctions, elle a fait faire un chemin immense aux connaissances plus qu'imparfaites que nous possédions sur ce moteur. Elle nous aide à suivre en quelque sorte à la piste, expérimentalement, toutes les modifications qu'éprouve la vapeur dans son trajet à travers les organes de la machine. Sans elle, en un mot, toute théorie expérimentale serait elle-même une impossibilité. Mais la puissance de pénétration qu'elle a donnée à nos recherches a pourtant des limites, et bien nettement tracées. Elle nous permet d'élucider les phénomènes de perturbation que présente la machine, *après coup*, mais non certes *a priori*; et c'est ce qu'il va m'être facile de prouver.

Je dois entrer ici dans quelques détails qui sont loin d'être inutiles, et qui frapperont mes lecteurs, si je réussis à les exposer clairement.

Je vais suivre la vapeur sur tout son trajet par la machine à partir de la chaudière jusqu'au condenseur, en mettant continuellement en regard, les uns avec les autres, les résultats approximatifs que nous donne une théorie générique et les résultats rigoureux que la théorie expérimentale peut seule nous fournir; pour ne pas trop compliquer, je supposerai qu'on opère sur de la vapeur saturée.

Étant connue la loi suivant laquelle s'accroît la tension d'une vapeur saturée en fonction de sa température, et sa chaleur d'évaporation, autrement dit, la quantité de chaleur qu'il faut pour évaporer un kilogramme de liquide parvenu à la pression constante p, la thermodynamique nous permet de déterminer le volume de cette vapeur, ou rigoureusement parlant, la différence u de ce volume et de celui qu'occupe le liquide à la même température. En ce qui concerne la vapeur d'eau, le volume de ce liquide est toujours si petit par rapport à celui de sa vapeur, que nous pouvons sans erreur confondre ces deux volumes, v et $v - w = u$.

Théorie générique. — Désignons par u le volume *différentiel* de

1 kilogr. de vapeur à la pression p, exprimée en kilogrammes par mètre carré. Soient M le poids de vapeur et d'eau (entraînée) fourni par la chaudière dans l'unité de temps (la seconde) et x le poids relatif de vapeur sur cette masse totale M. Si p et x restaient constants pendant l'admission, il est clair que le travail de l'admission ou course en pleine pression serait

$$M x p u = F.$$

THÉORIE EXPÉRIMENTALE. — 1° La valeur de $M(1-x)$ ou de l'eau entraînée ne peut être prévue; elle varie non seulement d'une chaudière à l'autre, mais d'un instant à l'autre pour une même chaudière, selon la vivacité de l'ébullition, suivant la hauteur ou l'on tient le niveau de l'eau, etc. Admettons une moyenne, *forcément expérimentale*, x_m; on aurait

$$M x_m p u = F_m$$

si p restait constant et x aussi. 2° Mais dans la réalité, il s'opère toujours une chute de pression, qui dépend de la grandeur des orifices d'admission (je ne parle pas même de la valve d'admission, que je suppose tout ouverte). La pression, en un mot, tombe de p à p_1, dont la valeur ne peut être déterminée théoriquement. 3° En réalité aussi, il s'opère toujours une condensation, plus ou moins grande, qui fait descendre x_m à x_1, valeur qu'il est absolument impossible de déterminer théoriquement, quelle que soit maintenant la cause à laquelle on assigne cette condensation. Le produit

$$m_1 p_1 u_1 = M x_1 p_1 u_1 = F_1,$$

qui exprime le travail réel de l'admission, est donc une valeur essentiellement expérimentale, qui ne peut être relevée qu'à l'aide de l'indicateur ou du pandynamomètre de flexion. Toutefois, sa détermination ainsi obtenue resterait correcte, alors même que, comme l'admet M. Zeuner, les tourbillons internes de la vapeur modifieraient la pression d'admission.

La thermodynamique nous permet de déterminer le travail mécanique que rend un kilogramme de vapeur en passant, par détente graduée, de la pression p_1 à la pression p_2. Mais c'est à la condition formelle que nous sachions dans quelles conditions thermiques se fait l'accroissement de volume.

Théorie générique. — Si nous admettons arbitrairement que la vapeur se détend sans addition ni soustraction de chaleur du dehors, la belle loi (Clausius)

$$o = M \int_{T_0}^{T_1} \frac{c\,dT}{T} + \frac{m_1 r_1}{T_1} - \frac{m_0 r_0}{T_0}$$

nous donne, comme nous avons déjà vu, la quantité de vapeur à la fin de l'expansion, étant connues les températures, initiales et finales, et la masse primitive d'eau mêlée à la vapeur. Connaissant ainsi les masses de vapeur et les températures, initiales et finales, on connaît les sommes de chaleur internes disponibles au commencement et à la fin de la détente, et leur différence multipliée par l'équivalent mécanique de la chaleur donne le travail.

Théorie expérimentale. — Je commence par une première remarque critique essentielle. En acceptant même l'hypothèse arbitraire et jamais réalisée en expérience : que la vapeur ne reçoit ni ne perd de chaleur extérieurement pendant la détente, nous voyons que pour trouver le travail de détente, il nous faut connaître les températures au début et à la fin de l'expansion. Or ces températures ne peuvent être déterminées théoriquement. En effet, étant donné un mélange de vapeur et d'eau, en proportions connues d'ailleurs et à une température initiale connue aussi, nous ne disposons jusqu'ici, en thermodynamique, d'aucune équation théorique qui nous apprenne ce que deviennent les températures, les masses relatives d'eau et de vapeur, les pressions, lorsque le volume V_0 occupé par la masse M s'accroît et devient $V_1 > V_0$. Rankine, et après lui M. Zeuner, ont proposé une formule de la forme

$$p v^\mu = p_1 v_1^\mu, \qquad \mu = 1,035 + 0,1\,x_0$$

qui semble traduire assez fidèlement les phénomènes ; mais cette formule, fût-elle rigoureusement correcte numériquement, est empirique, artificielle, et tout ce qu'elle donne est dès lors empirique aussi. Il me semble très probable qu'il existe réellement une loi naturelle qui exprime le phénomène étudié; mais ni la thermodynamique ni aucune autre considération théorique ne l'a jusqu'ici fait connaître. Dans la pratique de la machine à vapeur, nous ne connaissons absolument que l'accroissement disponible des volumes absolus de la vapeur pendant la détente, et jusqu'ici, je le répète, la thermodynamique n'a rien donné qui réponde aux besoins de la pratique en ce sens. L'une des parties les plus importantes de l'étude de la machine à vapeur est donc affectée d'une lacune théorique. Je passe cependant sur cette question de détail, pour aller au plus essentiel de la critique. L'hypothèse d'après laquelle la vapeur qui se détend dans nos cylindres ne reçoit ni ne perd de chaleur par les parois est non seulement arbitraire, mais elle est constamment fausse. Elle ne s'accorde pas avec les données d'une seule des expériences alsaciennes.

En un mot, pour estimer le travail de la détente d'une machine, l'emploi de l'indicateur ou du pandynamomètre de flexion est indispensable. Mais étant donné l'un ou l'autre de ces instruments, la thermodynamique nous permet de déterminer, avec leurs données, les moindres circonstances du phénomène de la détente : poids de vapeur, températures, pressions, au début et à la fin de l'expansion, chaleur enlevée ou cédée aux parois.....

Cette partie de l'étude de la machine à vapeur a donc un caractère exclusivement expérimental.

En ce qui concerne les phénomènes qui ont lieu pendant l'échappement de la vapeur, il ne m'est pas même possible de les présenter d'abord sous la rubrique de théorie générique. Tout ici relève de la théorie expérimentale : contre-pression, chaleur prise aux parois, influence du refoulement de la vapeur.....

J'ai dit que si quelque chose est de nature à démontrer le caractère indispensable de la théorie expérimentale, c'est la critique de mon éminent ami. Il me suffira, pour le montrer, de poser ici trois des équations fondamentales sur lesquelles repose cette critique, en les accompagnant des remarques de l'auteur même.

Période d'admission :

$$L_a + Q_a = M(q + xr) + M_a(q_a + x_a \rho_a) - (M + M_a)(q_1 + x_1 \rho_1) \qquad \text{(I)}$$

« De cette équation, on pourrait tirer la valeur de Q_a ou de la chaleur cédée aux parois pendant l'admission, si tous les termes du côté droit étaient déterminés ou déterminables. Le travail d'admission se trouve aisément à l'aide de l'indicateur. »

Période de la détente :

$$L_b - Q_b = (M + M_a)(q_1 - q_2 + x_1 \rho_1 - x_2 \rho_2) \qquad \text{(II)}$$

ou bien

$$L_b - Q_b = M(q_1 - q_2) + V_1 \frac{\rho_1}{u_1} - V_2 \frac{\rho_2}{u_2} + V_a \left(\frac{\rho_1}{u_1} - \frac{\rho_2}{u_2} + \frac{q_1 - q_2}{x_2 u_2} \right) \qquad \text{(II}_a)$$

« Si l'on connaît, pour la machine étudiée, les volumes V_a, V_1, V_2 (volumes réels engendrés par le piston) et si la dépense M est donnée, ainsi que le poids de vapeur relatif initial x, toutes les autres valeurs se déterminent, le travail L_b de détente inclusivement, à l'aide des diagrammes de l'indicateur. Et l'on est à même de déterminer la valeur de Q_b de la chaleur cédée par les parois. »

Période d'évacuation de la vapeur :

$$Q_c + L_c = M q_c + M_1(q_2 - q_c) + M_a(q_2 + x_2 \rho_2) - (M + M_a)(q_c + x_c \rho_c) \qquad \text{(IV)}$$

« A l'aide de cette équation et si toutes les autres grandeurs étaient déterminables, on pourrait calculer la valeur de la quantité de chaleur qu'emporte la vapeur, en se jetant au condenseur et dont la détermination joue le rôle principal dans les recherches alsaciennes. »

On le voit, toutes ces équations sont accompagnées d'une restriction formelle : *si tels termes étaient déterminés ou déterminables.*

Examinons à ce point de vue ces trois systèmes d'équations :

1° Dans la première, nous connaissons, par la mesure directe du débit de la chaudière, le poids M d'eau et de vapeur consommé. Par le manomètre de la chaudière, et à l'aide des tables de la thermodynamique ou de ses équations, nous connaissons q et r, c'est-à-dire la chaleur que représente un poids d'eau M à la température de la chaudière, et la chaleur d'évaporation. Mais déjà x ne nous est connu que moyennant des expériences calorimétriques de la plus haute précision, décrites pour la première fois, si je ne me trompe, dans ces Bulletins.

Les termes q_1 et r_1, c'est-à-dire la chaleur que représente le poids d'eau M et la chaleur d'évaporation à la fin de l'admission, ces termes, dis-je, sont *déterminables*, mais exclusivement après coup, expérimentalement, à l'aide de l'indicateur ou du pandynamomètre, qui nous font connaître la pression P_1 dans le cylindre. Aucune algèbre ne peut nous dire *a priori* la chute de pression qu'éprouve la vapeur en pénétrant dans le cylindre.

Quant au terme x_1 ou plutôt $M\left(1 - (x - x_1)\right)$, c'est-à-dire quant à la quantité de vapeur qui se condense pendant l'admission, il échappe tellement au calcul, que si l'on s'obstinait à le déterminer *a priori*, on serait sûr de commettre parfois des erreurs de 40 % : *quelles que soient d'ailleurs les causes* de cette condensation, et quand bien même elle relèverait en majeure partie, comme le dit à tort M. Zeuner, de la présence d'une masse M_0 d'eau dans les espaces nuisibles, car cette masse ne peut être déterminée *a priori* par aucune équation, et j'ajoute qu'elle ne pourrait être connue expérimentalement qu'avec la plus extrême difficulté.

Je ferai remarquer en passant que le travail d'admission L_1, qui ne peut aussi être relevé que par l'indicateur ou le pandynamomètre, serait assignable par le calcul, si, par impossible, on pouvait calculer r_1 et x_1. Car on aurait alors implicitement aussi $A\,p_1\,u_1$, d'où il résulterait

$$\frac{(M\,r_1\,A\,p_1\,u_1)}{A} = F_a.$$

2° Dans l'équation II ou II_a (qui n'en est qu'une transformation), prise telle quelle et sans avoir égard à ce qui vient d'être dit des termes de la précédente, pas un seul des termes, à l'exception de M, ne nous est connu *a priori* par le calcul. Mais étant même admises les valeurs convenables pour x_1, ρ_1, q_1, nous ne pouvons encore déterminer M_0, q_2, x_2, ρ_2, qu'expérimentalement par l'indicateur. Que le terme auxiliaire M_0 soit de l'eau, comme le veut M. Zeuner, ou du fer traduit en eau, comme nous l'avons admis et démontré, il reste essentiellement expérimental dans sa mesure.

3° Enfin, dans l'équation relative à l'échappement au condenseur (IV), nous connaissons par mesure directe M_i, q_i, q_0 ou la masse d'eau d'injection, sa chaleur avant et après la condensation. Mais les trois termes relatifs q_3, r_3, ρ_3, et surtout M_0, restent des valeurs absolument indéterminables théoriquement ou *a priori*, et peut-être presque indéterminables même expérimentalement, si l'on rejette ce que l'expérience nous apprend sur l'admission et la détente, quant aux valeurs q_3, r_3, ρ_3, et quant à la nature réelle de M_0.

Dans l'énumération que je fais de ces facteurs indéterminés ou indéterminables, je n'ai pas eu un seul instant en vue de faire la critique de l'œuvre de M. Zeuner sur la machine à vapeur. Le mathématicien éminent a produit en ce sens tout ce qui était à produire, mais l'analyse mathématique ne peut pas l'impossible. Mon but était de ramener la discussion dans ses vraies limites, en montrant que n'importe quelle théorie de nos moteurs thermiques, en général, aura toujours besoin, si elle veut donner des résultats un tant soit peu approximatifs, de la détermination *a posteriori* de certains éléments dont la grandeur ne peut être établie à l'avance par la théorie. M. Zeuner a su introduire dans ses équations générales plusieurs de ces éléments perturbateurs, dont on n'avait pas entrevu l'importance; par la forme toujours élégante et claire sous laquelle il les fait figurer, on peut en quelque sorte suivre de l'œil leur influence dans les calculs; mais la grandeur même de ces éléments dans chaque cas particulier ne peut être fixée par la théorie. L'expérience sur le *vif* des machines est ici nécessaire, si l'on veut atteindre un but vraiment utile.

Ici toutefois je suis bien obligé de devenir critique de mon côté, pour répondre à la partie la plus acerbe de la critique de M. Zeuner. Je reproduis fidèlement l'énoncé de l'auteur, afin d'y répondre point par point.

« Jusqu'ici il n'est aucunement prouvé que la vapeur, dans les

« espaces nuisibles et dans le cylindre au commencement du
« refoulement, doive être considérée comme sèche; aucune objec-
« tion plausible ne s'élève contre cette supposition : que sur le
« couvercle du cylindre et sur le piston il puisse exister de l'eau
« précipitée, même en gouttelettes. Si l'on accepte cette supposi-
« tion, les calculs des Alsaciens sont fortement ébranlés, et l'énorme
« influence attribuée par ces expérimentateurs aux parois des
« cylindres, à titre de réservoirs thermiques, doit être rapportée
« désormais en partie, et peut-être pour la plus grande partie, à la
« quantité d'eau restée en provision dans le cylindre.

« La quantité de chaleur désignée plus haut par Q_e » (notre R_e
« ou refroidissement au condenseur) « qui, pendant l'échappement
« de la vapeur, est emportée au condenseur, dépend désormais du
« degré d'humidité de la vapeur restée au cylindre, et devient
« d'autant plus petite que l'on suppose plus grande la quantité
« d'eau restée en provision. En raison de l'incertitude qui règne
« encore quant à la valeur de cette quantité d'eau, la détermination
« de Q_e » (disons : R_e) « devient douteuse, et il est en tous cas
« inadmissible que cette grandeur puisse être prise pour mesure de
« la valeur des différents moteurs à vapeur. A plusieurs reprises
« déjà il a été avancé que les recherches alsaciennes ont frayé la
« route à une nouvelle théorie de la machine à vapeur, et ont
« surpassé de la sorte tout ce qui avait été fait en ce sens. Ceci
« n'est en aucune façon la vérité. »

4° Au point de vue pratique, il s'agit ici d'une discussion pure
et simple de mots, qui pourrait entraîner le lecteur dans l'illusion
ou l'erreur la plus complète, s'il n'était pas prévenu. Par leur
construction des plus sagaces, les équations de M. Zeuner permettent, étant connue la provision M_0 d'eau toujours présente, d'après
lui, dans les espaces nuisibles et sa température primitive au
moment de l'admission, de déterminer la valeur de Q_e (R_e) ou de
l'effet réel des parois; ou bien, étant connue cette perte subie par
les parois, elles permettent de déterminer ce qui appartient à
l'action de l'eau en provision? Elles nous montrent que si l'une de

ces actions grandit, l'autre diminue dans le même rapport. Mais, qu'on y prenne bien garde, ceci ne change en rien le fond des choses.

La perte au condenseur est là, telle quelle, de quelque façon qu'on l'interprète.

Des 22,7 calories (page 31) que nous avons trouvées emportées au condenseur, la plus ingénieuse équation n'en saurait rabattre une seule. Et ce n'est pas parce que cette équation assignerait la cause de la perte qu'elle la ferait disparaître.

Les Alsaciens n'ont en aucune façon mal calculé et surfait les pertes inutiles de chaleur dans les machines. Ils ne pourraient tout au plus que s'être trompés en assignant à l'action des parois ce qui dériverait de l'eau présente à leur insu. Nous allons voir encore une fois ce qui en est. Mais notre évaluation de la valeur du rendement d'une machine d'après la grandeur de la perte au condenseur, *reste parfaitement rationnelle en toute hypothèse*, loin d'être inadmissible.

Les équations de M. Zeuner ne nous fournissent aucun moyen d'évaluer *a priori* et sans aucune expérience directe la valeur de ce produit nouveau $M_0 (q_0 + x_0 \rho_0)$; de plus, et cela va de soi, elles ne peuvent nous donner aucun moyen d'abaisser la valeur du terme M_0 dans la pratique (si ce terme existe en effet).

L'hypothèse des Alsaciens, qui rapporte la plus grande partie de la perte au condenseur à l'action des parois, ne permet non plus jusqu'ici de déterminer *a priori* R; mais en cessant de faire de l'algèbre pour faire de la physique, nous pouvons du moins trouver les moyens les plus rationnels d'éviter utilement en pratique une partie notable des condensations nuisibles.

2° Au point de vue de la saine physique, bien loin de dire avec M. Zeuner qu'il n'existe aucune objection plausible contre l'hypothèse de l'existence d'eau sur le couvercle du cylindre et sur le piston, nous poserons les affirmations suivantes : il est impossible qu'il reste une provision d'eau en permanence dans les espaces perdus d'une machine marchant avec vapeur surchauffée; il est tout aussi impossible qu'il en reste dans les espaces nuisibles d'une machine munie d'une enveloppe et même de couvercles à vapeur; il est possible qu'il reste une certaine quantité d'eau dans les espaces perdus d'une machine sans surchauffe et sans enveloppe, mais cette quantité, en tous cas extrêmement minime, comme nous l'a montré l'analyse de l'expérience citée (page 18), dérive en toute hypothèse encore de l'action des parois. Si celles-ci étaient passives, inertes, cette eau serait balayée instantanément par la vapeur à son arrivée au cylindre.

3° Rentrons tout à fait dans la réalité des faits. M. Zeuner dit, et avec toute raison d'ailleurs, que jusqu'ici on ne saurait encore déterminer analytiquement l'action des parois avec quelque sécurité. Mais il ajoute que, toutefois, on trouvera que la perte d'effet qui résulte de cette action est bien moindre que ne le font supposer les recherches alsaciennes. C'est précisément le contraire que nous sommes en mesure d'affirmer dès à présent et sans rien mettre au futur. Il suffit de suivre la discussion que j'ai présentée dans les pages précédentes, de lire le travail de M. Hallauer qui suit; que dis-je! il suffit d'étudier sans aucun parti pris les divers travaux qui ont été publiés par nous sur ce sujet, pour demeurer convaincu que la question est déjà toute jugée.

Les recherches alsaciennes restent debout, non seulement dans l'exactitude des divers éléments numériques nouveaux qu'elles ont fournis, mais encore dans l'exactitude de leurs conclusions physiques, relativement à l'intervention des parois des cylindres.

J'ajoute maintenant bien formellement : les chercheurs alsaciens n'ont jamais attaqué aucune des théories génériques existant, pas plus celle de M. Zeuner que celle, bien antérieure, de M. Clausius. En ce qui me concerne, il me suffit de renvoyer à la page 16 du tome II de mon ouvrage de thermodynamique, pour faire ressortir toute ma pensée à ce sujet. Les chercheurs alsaciens ont poursuivi et, j'ajoute, atteint un but absolument différent. Se laissant continuellement guider par les principes de la thermodynamique, ils ont peu à peu rassemblé sur le domaine de l'expérience les données indispensables à toute théorie qui a la prétention de traduire les faits avec quelque fidélité.

La critique de mon éminent ami, et ici je ne puis que le remercier, quelque pénible qu'il m'ait été de me voir condamné à y répondre, cette critique, dis-je, aura du moins ce résultat presque inespéré, c'est de consacrer désormais d'une façon inaliénable les droits des travailleurs alsaciens et de celui qui s'honore d'être devenu leur chef responsable.

G.-A. Hirn.

Colmar, 7 novembre 1881.

RÉFUTATION

DE LA

CRITIQUE DE M. G. ZEUNER

PAR O. HALLAUER

Après la remarquable étude analytique qui précède, il ne doit rester au lecteur aucun doute sur la valeur des objections soulevées par M. Zeuner. Non seulement son hypothèse capitale d'un poids d'eau notable resté dans l'espace nuisible est réduite à néant ; mais il est établi et reste démontré une fois de plus que, quelque belles que soient réellement en elles-mêmes les *théories génériques* de M. Clausius et de M. Zeuner, elles ne peuvent, *a priori*, permettre d'obtenir par le calcul aucune des données que nous sommes obligés de demander à l'expérience.

L'action des parois n'est donc pas, comme le dit M. Zeuner, une valeur sur l'importance de laquelle nous nous sommes fait illusion et qu'il eût été facile de faire entrer comme terme de correction dans ses formules ; la mesure exacte de cette action est tout au contraire le résultat de la nouvelle *théorie pratique expérimentale* établie par M. Hirn, le résultat des recherches dites *alsaciennes* qui, en accumulant les données d'observation discutées ensuite et contrôlées par nous d'après les principes de la thermodynamique, nous ont conduits à un ensemble de conclusions pratiques dont la haute valeur est justement accusée par les vives et nombreuses attaques ou revendications qu'elles soulèvent de tous côtés.

La réfutation magistrale de M. Hirn me laisse bien peu de chose à dire ; je ne voudrais cependant point que le lecteur restât sous l'impression du reproche de légèreté, pour ne pas dire plus, formulé contre nous par M. Zeuner. Il nous accuse, et il a raison en principe, de nous être tout simplement débarrassés de l'eau renfermée par la compression dans les espaces nuisibles en la supposant nulle, et même en négligeant parfois complétement le poids de vapeur comprimée.

Mais, si nous avons pris ce parti, ce n'est qu'après avoir discuté à fond la question, qu'après nous être rendu compte de l'influence insignifiante que pouvait avoir sur nos résultats une quantité d'eau raisonnable supposée contenue dans la vapeur qui se comprime.

Préoccupés de donner à notre exposition de la nouvelle théorie pratique une forme simple et surtout claire, nous n'avons pas cru devoir la compliquer en publiant une discussion qui, somme toute, porte sur des nombres tombant dans les limites d'erreur de nos expériences ; mais comme elle a cependant donné lieu à la principale objection de M. Zeuner, je vais la reprendre, je vais indiquer, pour quatre de nos essais fondamentaux, comment nous avons été amenés soit à négliger complétement la vapeur comprimée, soit à la supposer saturée sèche. Ces essais figurent tous d'ailleurs dans mon mémoire de 1877, publié aux Bulletins de notre Société industrielle.

Cette exposition me permettra de reprendre, sous une forme un peu différente, une partie de la réfutation de M. Hirn, et, en introduisant dans nos expériences, comme le fait M. Zeuner, un poids d'eau considérable renfermé dans l'espace nuisible, de montrer par l'étude de la compression elle-même que l'existence de ce poids d'eau est impossible.

Les quatre essais que nous allons développer ont été exécutés, en 1875, sur la machine à vapeur surchauffée de M. Hirn. Elle était alors autrement réglée qu'en 1873 ; la période de compression avait été suffisamment augmentée pour qu'en travaillant à haute pression ce moteur ait comprimé la vapeur jusqu'à une pression voisine de la pression initiale d'admission ; ce qui nous a permis de relever, avec une exactitude très suffisante, le volume comprimé et les pressions initiales et finales pendant cette période.

Ces indications données, je procède immédiatement à l'exposé des essais, en supposant successivement le poids de vapeur comprimé nul, sec, puis contenant le poids d'eau maximum que l'analyse de la compression nous permet d'admettre. Je dois encore ajouter qu'après la démonstration de M. Hirn, l'action des parois ne peut être niée ; aussi vais-je suivre, pour établir les diverses valeurs de l'analyse, l'ordre habituel que nous avons adopté dès l'origine, me contentant d'indiquer seulement, au fur et à mesure qu'elles se présenteront, les modifications qu'apportent à nos résultats les trois hypothèses précédentes.

I. *Introduction* $^1/_2$. *Essai du 27 août 1875*. — Nombre de tours, $30^t,306$; force indiquée, $125^{ch},17$; vapeur étranglée de $4^{atm},6$ à $2^{atm},2$.

Valeurs directement relevées :

Pression à la chaudière, 4^k075, d'où $t = 150°$.
Température de la vapeur surchauffée, $223°$.
Poids de vapeur consommée par coup de piston, $0^k,2822$.
Poids d'eau froide injectée au condenseur, $8^k,5983$.
Températures de cette eau : initiale, $16°,5$; finale, $35°,26$.
Chaleur gagnée par l'eau froide d'injection, $8^k,5983 (35°,26 — 16°,5) = 161^c,30$

Valeurs déduites du diagramme :

A la fin de l'admission :
$p_4 = 23070^k$, $t_4 = 124°$, $q_4 = 124^{,}88$, $r_4 = 519^{,}44$, $\rho_4 = 477^{,}32$, $\gamma_4 = 1^{,}2888$.

A la fin de la course :
$p_1 = 8417^k$, $t_1 = 94°,4$, $q_1 = 94^{,}83$, $r_1 = 540^{,}46$, $\rho_1 = 509^{,}73$, $\gamma_1 = 0^{,}19991$.

1° Nous supposons d'abord la compression négligeable et nul le poids de vapeur et d'eau qu'elle enferme dans le cylindre ; c'est sous cette forme que nous avons publié nos essais en 1877. Dans ces conditions, le poids de vapeur présent au commencement de la détente est donné par le volume qu'il occupe $0^{mc},2224$, et la densité correspondant à la pression pour la fin de l'admission $\gamma_0 = 1^k,2888$

$$m_0 = 0^{mc},2224 \times 1^k,2888 = 0^k,28663.$$

Ce poids est supérieur de $0^k,00443$ ou $1\,{}^o/_o,5$ au poids M consommé par coup de piston, directement jaugé et ayant passé par le cylindre ; la vapeur serait donc encore légèrement surchauffée à la fin de l'admission ; mais comme la surchauffe accusée par l'accroissement $1\,{}^o/_o,5$ du poids calculé est faible, nous supposerons cette vapeur saturée sèche pour le moment, et nous verrons bientôt, en tenant compte de la compression, qu'elle l'est en effet. Nous simplifions ainsi les calculs relatifs à l'évaluation des calories en les débarrassant d'une détermination assez complexe, celle de la température d'une vapeur surchauffée, dont on connaît le volume et la densité ; si d'ailleurs il se produit dans la suite de nos opérations une légère discordance, nous saurons à quelle cause il faut rapporter cet écart momentané.

A la fin de la course nous trouvons un poids de vapeur plus faible qu'à la fin de l'admission

$$m_t = 0^{mc},490 \times 0^k,49991 = 0^k,24496.$$

il s'est donc condensé pendant la détente $M - m_t = 0^k,2822 - 0^k,24496 = 0^k,03724$, soit $13\,{}^o/_o,2$ du poids M ; nous avons pris ici M et non m_0 pour évaluer la condensation, par la raison bien simple, que ce dernier poids fictif indique seulement que la vapeur de poids M est encore surchauffée, à la fin de l'introduction, dans l'hypothèse d'une compression nulle.

Les chaleurs internes au commencement de l'expansion, en supposant la vapeur saturée sèche, puis à la fin de la course, sont les suivantes :

$$\left. \begin{array}{l} U_0 = 0^k,2822 \times 124^c,88 + 0^k,2822 \times 477^c,32 = 169^c,94 \\ U_t = 0^k,2822 \times \ \ 94^c,83 + 0^k,24496 \times 500^c,73 = 149^c,42 \end{array} \right\} U_0 - U_t = 20^c,52.$$

Les chaleurs internes ont diminué pendant la détente, elles on abandonné 20°,52, en partie pour faire face au travail de détente qui exige $AF_4 = 9°,24$, et au refroidissement extérieur que nous évaluons à 2°,50, soit en tout 11°,74, qui sont à défalquer des 20°,52 qu'ont rendues les chaleurs internes, mais en partie aussi pour chauffer les parois qui ont absorbé presque toute la surchauffe $0°,2822 \times 0,5 (223° — 124°) = 13°,96$ pendant l'admission, et prennent encore la différence $20°,52 — 11°,74 = 8°,78$ pendant l'expansion. Cette chaleur, emmagasinée par les parois $13°,96 + 8°,78 = 22°,74$, est restituée pendant l'échappement, expulsée de la machine avec la vapeur qui se rend au condenseur ; elle constitue, ce que nous appelons R_c, le refroidissement au condenseur, valeur que nous obtenons par la relation bien simple qui représente ce que nous venons de développer une fois pour toutes.

$$AF_4 + R_c + 2°,50 = 13°,96 + (U_6 - U_5); \quad R_c = 13°,96 + (U_7 - U_5) - AF_4 - 2°,50$$
$$R_c = 13°,96 + 20°,52 - 9°,24 - 2°,50 = 22°,74.$$

Pour arriver à cette valeur, nous passons par toutes les transformations de la vapeur pendant la détente ; il nous faut les chaleurs internes initiales et finales, la chaleur absorbée par le travail de détente, celle qui se perd par refroidissement extérieur du cylindre, celle qu'absorbent les parois pendant l'introduction ; or, d'après M. Zeuner, une grande partie de ces données ne peuvent être obtenues exactement, surtout au moment où commence la détente. D'après lui, l'entrée de la vapeur dans le cylindre produit des tourbillons, donne naissance au sein de la masse fluide à des différences de pression qui ne peuvent être indiquées par le diagramme, la tension marquée par ce dernier au commencement de la détente est inexacte, probablement plus faible que pour l'état de repos, et il en conclut que les formules de la thermodynamique, établies pour un fluide à l'état d'équilibre, sont radicalement inapplicables à la pression moyenne de la masse fluide, la seule que puisse donner l'indicateur.

C'est encore là une objection *théorique* dont nous ne contesterons nullement le principe ; reste à savoir ce que vont devenir en pratique ces tourbillons, ces différences de pression qui se prolongent, même après le commencement de la détente, et s'ils ont une influence réellement appréciable ? Nos essais eux-mêmes vont nous le prouver.

La pression initiale est faussée par les mouvements tumultueux de la vapeur, dit M. Zeuner, il en résulte que les valeurs de t_0, q_0, r_0, ρ_0, γ_0, sont inexactes, aussi bien que le poids de vapeur calculé, la chaleur abandonnée aux parois pendant l'admission et la chaleur interne U_0 ; par suite aussi la valeur de $R_c = 22^c.74$, qui en est déduite.

Prouver l'exactitude de cette dernière, c'est renverser l'objection de M. Zeuner, c'est établir que les mouvements de la vapeur ont un effet insignifiant en pratique et que nous sommes fondés à poser, contrairement à son assertion, que l'état moyen de la vapeur est tel, que nous pouvons appliquer toutes les formules thermiques en restant rigoureusement dans les limites d'exactitude de nos observations, qui sont toutes faites à un ou deux pour cent près au plus. Cette démonstration nous allons l'entreprendre.

En admettant même qu'il se produise des tourbillons violents pendant l'introduction et même au commencement de la détente, il est hors de conteste que cet état tumultueux s'apaise peu à peu pendant la détente, qu'en arrivant vers la fin de la course, au moment où la vitesse du piston devient nulle, il cesse à peu près complétement. A cet instant la vapeur est dans l'état d'équilibre que réclame M. Zeuner, nous pouvons rigoureusement lui appliquer les formules de la thermodynamique, et les valeurs t_1, q_1, ρ_1, γ_1, déduites de la pression sont exactes ainsi que la chaleur interne finale $U_1 = 149^c,42$.

Cette chaleur interne finale est le résultat de toutes les transformations qui se sont effectuées pendant l'expansion ; mais par la manière même dont nous l'obtenons, il est facile de voir qu'elle ne peut en aucune façon être entachée d'une erreur primitivement commise au commencement de la détente. Elle est la dernière expression de tout ce qui s'est passé antérieurement, mais possède une exactitude qu'elle ne tient que d'elle-même, la pression finale étant rigoureusement correcte, comme nous venons de le voir.

Or, la chaleur interne finale $U_1 = 149°,42$, augmentée de celle qu'envoie au condenseur le travail d'expulsion $2°,17$, diminuée de celle que conserve la vapeur après condensation $0^k,2822 \times 35°,26 = 9°,95$, soit en tout

$$149°,42 + 2°,17 - 9°,95 = 141°,64$$

devrait se retrouver intégralement au condenseur si les parois n'y envoyaient pas un surcroît de chaleur.

Nous trouvons que l'eau froide injectée a gagné $161°,30$ au lieu de $141°,64$ qu'elle aurait dû recevoir si les parois étaient restées inactives; la différence représente donc bien ce qu'elles ont fourni ou R_c :

$$R_c = 161°,30 - 141°,64 = 19°,66.$$

L'écart de ces deux valeurs de R_c, $22°,74 - 19°,66 = 3°,08$, obtenues par des méthodes entièrement différentes, n'est que

$$\frac{3°,08}{194°,36} = 1\%,\%$$

de la chaleur totale apportée au cylindre, et encore faut-il dire que nous avons supposé sèche de la vapeur que notre essai indiquait légèrement surchauffée à la fin de l'admission.

Nous verrons mieux par la suite de l'exposition de nos essais, et au fur à mesure que nous avancerons, avec quelle précision les valeurs de R_c, obtenues en tenant compte de toutes les transformations thermiques, se vérifient par celles que donne la seconde méthode, dont l'exactitude pratique est indiscutable.

En face de cette concordance que reste-t-il de l'objection de M. Zeuner, dont les tourbillons devaient fausser nos calculs au commencement de la détente ?

Notre première détermination de R_c est rigoureusement juste dans les limites d'erreur de nos expériences; nous sommes dans le vrai, en déduisant de la pression initiale p_0 que fournit le diagramme, toutes les valeurs qui concourent à son établissement.

2° Tenons compte maintenant de la vapeur renfermée par la

compression dans le cylindre, mais en la supposant saturée sèche. Les diagrammes nous donnent, au commencement de la compression, une pression

$$p_4 = 1447^k, \quad t_4 = 52°,05, \quad q_4 = 53^c,05, \quad \rho_4 = 533^c,12, \quad \gamma_4 = 0^k,0954.$$

Le volume qui se comprime étant $0^{m3},040$, le poids de vapeur enfermé supposée sèche sera $0^{m3},040 \times 0^k,0954 = 0^k,00382$, et sa chaleur interne

$$U_4 = 0^k,00382 \times 53^c,05 + 0^k,00382 \times 533^c,12 = 2^c,24.$$

Quelles que soient les transformations subies par ce poids de vapeur pendant la compression, il reste dans le cylindre, partie à l'état de vapeur, partie à l'état d'eau, pour se mélanger au poids arrivant de la chaudière $0^k,2822$ et donner un total présent $0^k,28602$, presque égal au poids de vapeur sèche $0^k,28663$ que l'on déduit de la pression p_5 à la fin de l'admission ; nous voyons donc, qu'en tenant compte de la vapeur sèche comprimée, la surchauffe est presque nulle à la fin de l'introduction.

Mais cette vapeur saturée sèche enfermée dans le cylindre, que devient-elle pendant la compression ? les diagrammes nous renseignent à ce sujet d'une manière suffisamment approchée ; ils nous montrent qu'elle se condense. Si l'on nous objecte la difficulté de déterminer la pression finale, nous répondrons que l'exactitude avec laquelle nous pouvons l'obtenir est très suffisante, puisque l'on opère sur un poids de vapeur $0^k,00382$ les $1^0/_0,46$ du poids arrivant directement de la chaudière. Dans tous les cas, pour qu'il ne reste aucun doute sur cette question, nous la reprenons vers la fin de notre travail en examinant s'il est possible qu'il existe dans le cylindre, pendant la compression, des poids d'eau aussi considérables que le veut M. Zeuner.

La pression à la fin de la compression, relevée sur les diagrammes, étant

$$p_4 = 5787^k, \quad t_4 = 84°,57, \quad q_4 = 84^c,89, \quad \rho_4 = 508^c,11, \quad \gamma_4 = 0^k,3509,$$

le poids de vapeur final est de $0^{m3},005 \times 0^k,3509 = 0^k,00175$;

il s'est condensé $0^k,00382 - 0^k,00175 = 0^k,00207$ ou 54 °/₀ du poids de vapeur comprimée, et la chaleur interne du mélange est
$$U_3 = 0^k,00382 \times 84^c,89 + 0^k,00175 \times 508^c,11 = 1^c,21.$$

Les parois ont donc gagné par la compression $U_4 - U_3 = 2^c,24 - 1^c,21 = 1^c,03$, plus $\dfrac{85^{kgm}}{425^c} = 0^c,20$ dues au travail de la compression. Le total $1^c,03 + 0^c,20 = 1^c,23$ s'ajoute à ce que la surchauffe abandonne aux parois pendant l'admission $13^c,96$, puisqu'en ce moment la vapeur peut être considérée comme sèche ; le métal du cylindre a donc reçu au commencement de la détente :
$$13^c,96 + 1^c,23 = 15^c,19.$$

Dans cette hypothèse de vapeur comprimée prise à l'état sec, les chaleurs internes initiales et finales de l'expansion offrent une différence

$$\left. \begin{array}{l} U_4 = 0^k,28602 \times 124^c,88 + 0^k,28602 \times 477^c,32 = 172^c,24 \\ U_1 = 0^k,28602 \times \;\;94^c,83 + 0^k,21496 \times 506^c,73 = 149^c,78 \end{array} \right\} \; U_4 - U_1 = 22^c,46.$$

La chaleur abandonnée aux parois par la surchauffe et par la compression est $15^c,19$, le travail de détente demande $AF_4 = 9^c,24$, le refroidissement extérieur $2^c,50$, de telle sorte que
$$R_6 = U_4 - U_1 + 15^c,19 - AF_4 - 2^c,50 = 22^c,46 + 15^c,19 - 9^c,24 - 2^c,50 = 25^c,91.$$

Vérification de R_c. — La chaleur interne finale $U_1 = 149^c,78$, diminuée de la chaleur enfermée avec la vapeur comprimée $U_4 = 2^c,24$, augmentée de celle qu'envoie au condenseur le travail d'expulsion (primitivement $2^c,17$, diminuée maintenant du travail de compression $2^c,17 - 0^c,20 = 1^c,97$), diminuée de celle que conserve la vapeur après condensation $9^c,95$, donne, comme devant être retrouvées dans l'eau d'injection chauffée,
$$U_1 - U_4 + 1^c,97 - 9^c,95 = 149^c,78 - 2^c,24 + 1^c,97 - 9^c,95 = 139^c,56.$$

Or, nous retrouvons dans cette eau injectée $161^c,30$, la différence est ce qu'envoient au condenseur, pendant l'échappement, les parois du cylindre, c'est $R_c = 161^c,30 - 139^c,56 = 21^c,74$.

Les deux valeurs de R_c présentent un écart de $25^c,91 - 21^c,74 = 4^c,17$, soit $\dfrac{4,17}{194^c,36} = 2^c/_{\circ},14$ de la chaleur totale apportée au cylindre. C'est encore là une erreur restant dans les limites de l'approximation que l'on peut exiger de recherches de physique expérimentale entreprises à cette échelle.

3° Supposons maintenant qu'il soit resté un certain poids d'eau avec la vapeur qui se comprime. Devons-nous admettre avec M. Zeuner qu'il peut rester, tant sur les parois à l'état de couche liquide que dans la vapeur à l'état de rosée, un poids d'eau $0^k,280$ presque égal au poids de vapeur que fournit la chaudière? Mais alors le mélange comprimé $0^k,00382$ de vapeur et $0^k,280$ d'eau verrait sa chaleur interne initiale

$$U_1 = 0^k,28382 \times 53^c,05 + 0^k,00382 \times 533^c,42 = 17^c,09$$

devenir après compression

$$U_2 = 0^k,28382 \times 84^c,89 + 0^k,00175 \times 508^c,41 = 24^c,98.$$

Elle aurait augmenté de $7^c,89$; or, à part les $0^c,20$ que fournit le travail de compression, où le mélange aurait-il pris cette chaleur? serait-ce aux parois refroidies pendant l'échappement? nous verrons plus tard que cette cession de chaleur faite par les parois est impossible et, par suite aussi, qu'il est impossible d'admettre un poids d'eau aussi considérable que le fait M. Zeuner. Pour le moment continuons notre exposé en adoptant la seule hypothèse plausible, celle qui augmente la chaleur interne du mélange comprimé juste de $0^c,20$, la quantité de chaleur fournie par le travail de la compression; cette hypothèse est du reste parfaitement d'accord avec l'esprit qui guide notre éminent critique; son but étant de réfuter l'action énergique des parois, nous ne pouvons mieux faire, pour entrer dans ses vues, que de supposer cette action nulle pendant la compression.

Les parois n'absorbant ni ne cédant de chaleur, il est nécessaire qu'un poids d'eau de $0^k,039$ ou environ dix fois le poids de vapeur sèche comprimée soit renfermé avec celle-ci dans le cylindre pour être soumis à la compression; les chaleurs internes subissent alors l'augmentation de $0^c,21$ que nous avions primitivement posée.

$$\left. \begin{array}{l} U_1 = 0^k,04282 \times 53^c,05 + 0^k,00382 \times 533^c,12 = 4^c,31 \\ U_2 = 0^k,04282 \times 84^c,89 + 0^k,00175 \times 508^c,11 = 4^c,52 \end{array} \right\} \ U_2 - U_1 = 0^c,21.$$

Le diagramme que nous relevons, soit au pandynamomètre, soit à l'indicateur Watt, étant la manifestation extérieure de toutes les transformations internes, nous devons voir comment il se comporte à chaque nouvelle hypothèse ; cherchons donc encore une fois R_c à l'aide des deux méthodes distinctes qui permettent de le déterminer.

Nous avons, présent dans le cylindre à la fin de l'admission, le poids de vapeur fourni par la chaudière $0^k,2822$ plus le mélange $0^k,04282$ enfermé par la compression, d'où un total vapeur et eau présent

$$0^k,2822 + 0^k,04282 = 0^k,32502.$$

Ce mélange contient $0^k,28663$ de vapeur sèche et $0^k,03839$ d'eau donnée par la compression, et nous avons vu précédemment, ce qui est encore vrai ici, qu'il ne s'est point condensé de la vapeur arrivée de la chaudière ; celle-ci a même évaporé un peu de l'eau du mélange comprimé ($0^k,00061$), quantité que nous pouvons certes négliger.

Les chaleurs internes ont varié pendant l'expansion de $23^c,92$:

$$U_2 = 0^k,32502 \times 124^c,88 + 0^k,28663 \times 477^c,32 = 177^c,40$$
$$U_1 = 0^k,32502 \times 94^c,83 + 0^k,24496 \times 500^c,73 = 153^c,48$$
$$U_2 - U_1 = 23^c,92.$$

La chaleur donnée aux parois pendant l'admission est celle que cède la surchauffe ou $13^c,96$; le travail de détente demande $AF_d = 9^c,24$, le refroidissement extérieur $2^c,50$, d'où

$$R_3 = U_2 - U_1 + 13^c,96 - AF_d - 2^c,50 = 23^c,92 + 13^c,96 - 9^c,24 - 2^c,50 = 26^c,14.$$

Vérification de R_c. — La chaleur interne finale $U_1 = 153^c,48$, diminuée de la chaleur interne conservée par la vapeur comprimée $U_3 = 4^c,31$, augmentée de la chaleur du travail d'expulsion, compression déduite, $1^c,97$, diminuée de la chaleur conservée par la vapeur condensée $9^c,95$, donne

$$U_1 - U_4 + 1^c,97 - 9^c,95 = 153^c,48 - 4^c,31 + 1^c,97 - 9^c,95 = 141^c,19.$$

Somme de chaleur qui devrait se retrouver intégralement dans l'eau d'injection chauffée ; or, cette eau froide a gagné $161^c,30$; l'excédant de calories qu'elle offre représente la chaleur envoyée au condenseur par les parois pendant l'échappement ou R_c :

$$R_c = 161^c,30 - 141^c,19 = 20^c,11.$$

Ainsi les hypothèses successives que nous venons d'examiner n'ont fait varier R, que de

$$26°,14 - 22°,74 = 3°,40 \qquad \text{ou} \qquad \frac{3°,40}{194°,36} = 1°/_0,75$$

lorsque nous déduisons cette valeur des différentes transformations qui s'effectuent pendant le travail de détente; de plus, nous pouvons remarquer qu'en supposant la vapeur comprimée sèche ou contenant dix fois son poids d'eau, ce qui est déjà une proportion assez forte, R, obtenu par cette première méthode n'a varié que de

$$26°,14 - 25°,91 = 0°,23.$$

Il est donc, de ce côté déjà, parfaitement évident que nous pouvons admettre, pour la compression, celle des trois hypothèses qui nous conviendra le mieux, et rester cependant dans les limites d'exactitude que l'on peut attendre d'expériences ainsi faites en grand. Ce résultat suffit amplement à justifier la marche que nous avons suivie jusqu'ici en exposant nos différentes recherches, et notamment celles de 1873-1875.

Mais il y a plus : la seconde méthode de détermination de R, est basée sur le jaugeage de l'eau injectée au condenseur et sur la chaleur qu'elle y gagne, puis sur la chaleur interne finale; elle ne tient nullement compte de ce qui s'est passé dans le cylindre; elle n'emploie que le résultat final, la pression à la fin de l'expansion; aucune des données du travail de détente n'intervient dans le calcul, et si elles sont défectueuses, n'en peut influencer le terme final R; aussi voyons-nous ce refroidissement au condenseur ainsi obtenu varier de $20°,41$ à $19°,66$ en passant par la valeur $21°,74$, suivant que nous supposons la vapeur comprimée contenant dix fois son poids d'eau, sèche ou nulle.

L'écart maximum relevé cette fois n'est que

$$21°,74 - 19°,66 = 2°,08 \qquad \text{ou} \qquad \frac{2°,08}{194°,36} = 1°/_0,07$$

de la chaleur totale apportée au cylindre; il légitime donc complétement la forme que, pour plus de simplicité, nous avons cru devoir donner à nos précédentes recherches.

Comme on ne saurait cependant apporter trop de preuves au sujet de faits expérimentaux encore aujourd'hui contestés, malgré les nombreux travaux que nous avons publiés sur la question, je vais ajouter à cet essai, pour répondre aux critiques de M. Zeuner, quelques-unes de nos autres expériences analysées.

II. *Introduction* $^1/_4$. *Essai du 29 septembre 1875.* — Nombre de tours, $30^t,13$; force indiquée, $99^{ch},53$; vapeur étranglée de $4^{atm},9$ à $1^{atm},7$.

Valeurs directement relevées :

Pression à la chaudière, 5^k0255, d'où $t = 151°,20$.

Température de la vapeur surchauffée, $220°$.

Poids de vapeur consommée par coup de piston, $0^k,2265$.

Poids d'eau froide injectée au condenseur, $5^k,981$.

Températures de cette eau : initiale, $15°,85$; finale, $37°,81$.

Chaleur gagnée par l'eau froide d'injection, $5^k,981 (37°,81 — 15°,85) = 131^c,34$.

Valeurs déduites du diagramme :

A la fin de l'admission :
$$p_s = 17458^k, \ t_s = 115°,80, \ q_s = 116°,03, \ r_s = 525°,63, \ \rho_s = 483°,80, \ \gamma_s = 0^k,9927$$

A la fin de la course :
$$p_1 = 6457^k, \ t_1 = 87°,36, \ q_1 = 87°,71, \ r_1 = 545°,93, \ \rho_1 = 505°,90, \ \gamma_1 = 0^k,38903$$

1° Supposons nul le poids de vapeur comprimée. Au commencement de la détente, le volume qu'occupe la vapeur introduite $0^{m3},2224$, sa densité $0^k,9927$, nous donnent son poids

$$0^{m3},2224 \times 0^k,9927 = 0^k,2208,$$

que nous trouvons inférieur de $2°/_0,52$ au poids directement jaugé venant de la chaudière $0^k,2265$; il s'est donc condensé $0^k,2265 — 0^k,2208 = 0^k,0057$ contre les parois qui avaient déjà absorbé la surchauffe; soit en tout une somme de chaleur

$$0^k,2265 \times 0,5 (220° — 115°,80) + 0^k,0057 \times 525°,63 = 14°,80$$

A la fin de la course nous trouvons un poids de vapeur saturée sèche

$$0^{m3},490 \times 0^k,38903 = 0^k,1906,$$

qui indique une condensation de $0^k,2265 — 0^k,1906 = 0^k,0359$, soit $15°/_0,85$ du poids de vapeur sorti de la chaudière par coup de piston.

Les chaleurs internes ont diminué de $16°,82$ pendant la détente :

$$U_2 = 0^k,2265 \times 116°,03 + 0^k,2208 \times 483°,50 = 133°,10$$
$$U_1 = 0^k,2265 \times 87°,71 + 0^k,1906 \times 505°,90 = 116°,28$$
$$U_2 - U_1 = 16°,82.$$

La vapeur à la fin de l'admission a abandonné sa surchauffe et s'est condensée en partie fournissant aux parois $14°,80$; le travail de détente consomme $AF_1 = 7°,22$, le refroidissement extérieur $2°,50$, d'où

$$R_2 = U_2 - U_1 + 14°,80 - AF_1 - 2°,50 = 16°,82 + 14°,80 - 7°,22 - 2°,50 = 21°,90.$$

Vérification de R_c. — La chaleur interne finale $U_1 = 116°,28$, augmentée de la chaleur du travail d'expulsion $2°,02$, diminuée de celle qui existe dans la vapeur après condensation ou $0^k,2265 \times 37°,81 = 8°,56$, donne

$$116°,28 + 2°,02 - 8°,56 = 109°,74,$$

que nous devrions retrouver dans l'eau injectée au condenseur ; mais la chaleur directement mesurée, gagnée par cette eau froide après la condensation, est de $131°,34$; la différence de ces deux nombres est la chaleur perdue par les parois pendant l'échappement :

$$R_c = 131°,34 - 109°,74 = 21°,60.$$

Il est bon de noter combien ce refroidissement au condenseur diffère peu de celui que donne la première méthode $21°,90 - 21°,60 = 0°,30$.

$2°$ Supposons que la compression ait enfermé de la vapeur sèche dans le cylindre ; le diagramme nous donne ses pressions initiales et finales :

$$p_2 = 1344^k, \quad t_3 = 51°,38, \quad q_2 = 51°,48, \quad \varrho_2 = 534°,35, \quad \gamma_2 = 0^k,0890,$$
$$p_1 = 5573^k, \quad t_1 = 82°,70, \quad q_3 = 83°,00, \quad \varrho_1 = 509°,59, \quad \gamma_1 = 0^k,3273.$$

Le poids de vapeur supposée sèche initial $0^{mc},040 \times 0^k,0890 = 0^k,00356$ devient, après compression, $0^{mc},005 \times 0^k,3273 = 0^k,00163$; il s'est donc condensé $0^k,00356 - 0^k,00163 = 0^k,00193$ ou $53°/_0$ du poids initial.

Pendant cette période de compression, les chaleurs internes ont diminué de $0°,96$, qui ont été absorbées par les parois

$$U_2 = 0^k,00356 \times 51°,48 + 0^k,00356 \times 534°,35 = 2°,08$$
$$U_1 = 0^k,00356 \times 83°,00 + 0^k,00163 \times 509°,59 = 1°,12$$
$$U_2 - U_1 = 0°,96.$$

Celles-ci ont encore pris la chaleur du travail de compression $0^{c},18$; elles ont reçu en tout $0^{c},96 + 0^{c},18 = 1^{c},14$.

Mais le mélange vapeur et eau qui reste dans le cylindre à la fin de la compression va se trouver en contact avec la vapeur surchauffée arrivant de la chaudière ; il donnera avec celle-ci, à la fin de l'admission, un total présent $0^{k},2265 + 0^{k},00356 = 0^{k},23006$.

Le diagramme nous donne en ce moment un poids de vapeur saturée sèche $0^{k},2208$, qui indique la présence de

$$0^{k},23006 - 0^{k},2208 = 0^{k},00926 \text{ ou } 4\ ^{0}/_{0}$$

d'eau à la fin de l'introduction, par conséquent les $0^{k},00163$ de vapeur et $0^{k},00193$ d'eau existant à la fin de la compression ont été simplement portés de $82^{c},70$ à la température $115^{c},80$ finale de l'admission ; ils ont demandé à la vapeur nouvelle :

$$0^{c},00163 \times 0,5(115^{o},80 - 82^{o},70) + 0,00193(116^{o},03 - 83^{o}) = 0^{c},027 + 0^{c},054 = 0^{c},08,$$

qui sont à déduire de $14^{c},80$, chaleur rendue par la surchauffe et la condensation lors de l'hypothèse 1° (poids de vapeur comprimé nul). Les parois ont donc reçu $1^{c},14$ pendant la compression et $14^{c},80 - 0^{c},08 = 14^{c},72$ pendant l'introduction, soit en tout $15^{c},86$.

Les chaleurs internes pendant l'expansion ont diminué de $16^{c},91$:

$$\left. \begin{array}{l} U_{3} = 0^{k},23006 \times 116^{c},03 + 0^{k},2208 \times 484^{c},80 = 133^{c},51 \\ U_{4} = 0^{k},23006 \times 87^{c},71 + 0^{k},1906 \times 505^{c},90 = 116^{c},60 \end{array} \right\} U_{3} - U_{4} = 16^{c},91.$$

Les parois ont fourni $15^{c},86$, le travail de détente a demandé $AF_{4} = 7^{c},22$, le refroidissement extérieur, $2^{c},50$, d'où

$$R_{4} = U_{3} - U_{4} + 15^{c},86 - AF_{4} - 2^{c},50 = 16^{c},91 + 15^{c},86 - 7^{c},22 - 2^{c},50 = 23^{c},05.$$

Vérification de R_{4}. — La chaleur interne finale $U_{4} = 116^{c},60$, augmentée de la chaleur du travail d'expulsion (ici $2^{c},02 - 0^{c},18$ venant de la compression $= 1^{c},84$), diminuée de celle que conserve la vapeur comprimée $U_{2} = 2^{c},08$, puis de la chaleur qui reste dans la vapeur après condensation $8^{c},56$, nous donne la chaleur que devrait gagner l'eau froide :

$$U_{4} - U_{2} + 1^{c},84 - 8^{c},56 = 116^{c},60 - 2^{c},08 + 1^{c},84 - 8^{c},56 = 107^{c},80.$$

Mais nous retrouvons au condenseur, d'après mesure directe,

$131°,34$ pris par l'eau d'injection ; l'excédant y a été envoyé par les parois

$$R_e = 131°,34 - 107°,80 = 23°,54.$$

Nous ferons remarquer que cette seconde hypothèse n'altère en rien l'exactitude avec laquelle R_e se vérifie ; l'écart entre les valeurs obtenues par deux méthodes si différentes s'élève seulement à

$$23°,54 - 23°,05 = 0°,49 \qquad \text{ou} \qquad \frac{0°,49}{155°,61} = 0\%,32$$

de la chaleur totale apportée au cylindre.

3° Voyons ce qui va se produire en admettant qu'il se comprime, en même temps que la vapeur sèche, un poids d'eau tel que l'action des parois soit nulle ; les chaleurs internes pendant la compression n'augmenteront alors que du nombre de calories fournies par le travail de compression, condition qui fixe à $0^k,036$, ou environ dix fois le poids de vapeur comprimé, la quantité d'eau renfermée avec cette vapeur :

$$\left. \begin{aligned} U_2 &= 0^k,03956 \times 51°,48 + 0^k,00356 \times 531°,35 = 3°,94 \\ U_1 &= 0^k,03956 \times 83°,00 + 0^k,00163 \times 509°,59 = 4°,11 \end{aligned} \right\} U_2 - U_1 = -0°,17.$$

Après compression, le mélange $0^k,03956$ se trouve en contact avec la vapeur surchauffée venant de la chaudière et voit sa température s'élever de $82°,70$ à $115°,80$ jusqu'à la fin de l'admission ; cette élévation de température demande à la vapeur nouvelle une quantité de chaleur

$$0^k,00163 \times 0,5(115°,80 - 82°,7) + 0^k,03793(116°,03 - 83°) = 0°,027 + 1°,32 = 1°,35,$$

qui est à déduire des $14°,80$ fournies aux parois par la surchauffe et la condensation partielle ; reste donc $14°,80 - 1°,35 = 13°,45$ données à ces parois pendant l'admission.

Le poids de vapeur et d'eau présent dans le cylindre à la fin de l'admission se compose du mélange comprimé $0^k,03956$, augmenté du poids de vapeur venant de la chaudière $0^k,2265$; ce qui forme un tout $0^k,26606$, dont la chaleur interne diminue de $17°,93$ jusqu'à la fin de l'expansion :

$$\left. \begin{aligned} U_4 &= 0^k,26606 \times 116°,03 + 0^k,2208 \times 484°,80 = 137°,69 \\ U_3 &= 0^k,26606 \times 87°,71 + 0^k,1906 \times 505°,90 = 119°,76 \end{aligned} \right\} U_4 - U_3 = 17°,93.$$

La vapeur à la fin de l'admission a donc abandonné aux parois $13°,45$, le travail de détente consomme $AF_d = 7°,22$, le refroidissement extérieur $2°,50$, d'où

$$R_c = U_4 - U_1 + 13°,45 - AF_d - 2°,50 = 17°,93 + 13°,45 - 7°,22 - 2°,50 = 21°,66.$$

Vérification de R_c. — La chaleur interne finale $U_4 = 119°,76$, augmentée de la chaleur du travail d'expulsion, compression déduite $1°,84$, diminuée de la chaleur interne qui reste dans la vapeur comprimée $U_2 = 3°,94$, diminuée de la chaleur qui reste dans la vapeur après sa condensation, $8°,56$, donne

$$U_4 - U_2 + 1°,84 - 8°,56 = 109°,40,$$

que nous devrions, comme nous savons, retrouver au condenseur, s'il n'y avait pas eu action des parois; mais l'eau froide injectée a gagné $131°,34$, présente un excédant qui constitue le refroidissement au condenseur

$$R_c = 131°,34 - 109°,40 = 22°,24,$$

et nous voyons encore cette fois que la vérification de R_c s'est faite dans des conditions d'exactitude plus que satisfaisantes, l'écart $22°,24 - 21°,66 = 0°,58$ n'étant ici que les $\dfrac{0°,58}{155°,61} = 0\ \%_0,37$ de la chaleur totale apportée au cylindre.

Cet essai du 29 septembre nous montre encore mieux que celui du 27 août combien les trois hypothèses que nous avons faites sur l'état de la vapeur comprimée, en la supposant nulle, sèche ou contenant dix fois son poids d'eau, ont une influence insignifiante eu égard aux conditions d'expérience dans lesquelles est placée la machine.

Les valeurs de R_c obtenues en passant par toutes les transformations de la vapeur ont varié de $21°,90$ à $23°,05$, soit en tout $\dfrac{1°,15}{155°,61} = 0\ \%_0,74$; celles que donne la seconde méthode, établies en dehors de toutes ces transformations et n'utilisant que leur résultat final expérimentalement relevé U_4 ont varié de $21°,60$ à $23°,54$, soit $\dfrac{1°,94}{155°,61} = 1\ \%_0,25$; différences qui restent toujours largement comprises dans les limites de l'erreur expérimentale possible.

Nous sommes donc libres d'admettre telle hypothèse qu'il nous plaira de choisir.

Enfin, la précision réellement remarquable que nous obtenons en vérifiant R_0 par la chaleur interne finale et l'eau d'injection (car cette vérification se fait à moins de $1/2\,^o/_o$ près aux trois hypothèses) vient nous prouver l'exactitude rigoureuse des déterminations thermiques faites à l'origine de la détente et, du même coup, renverse l'objection de M. Zeuner, qui les juge impossibles par suite de l'état tumultueux de la vapeur. Les tourbillons produits pendant l'introduction et au commencement de la détente doivent nécessairement, d'après lui, fausser la pression initiale relevée p_0 et toutes les valeurs que l'on en déduit pour l'étude des transformations de la vapeur ; nous voyons qu'en pratique cette affirmation est singulièrement hasardée.

Mais, pourrait-on objecter, ces deux premiers essais sont faits dans des conditions de surchauffe, de détente, etc., analogues ; aussi, pour lever tous les doutes, allons-nous examiner maintenant deux autres essais complètement différents des précédents : celui du 7 septembre 1875, introduction d'environ $^1/_7$, avec de la vapeur surchauffée à 195°, et celui du 8 septembre, même introduction, mais avec vapeur saturée contenant $1\,^o/_o$ d'eau entraînée.

III. *Introduction* $^1/_7$. *Essai du 7 septembre 1875.* — Nombre de tours, $29^t,98$; force indiquée, $113^{ch},08$; vapeur surchauffée.

Valeurs directement relevées :

Pression à la chaudière, 4^k9680, d'où $t = 150^o,77$.
Température de la vapeur surchauffée, $195^o,5$.
Poids de vapeur consommée par coup de piston, $0^k,2240$.
Poids d'eau froide injectée au condenseur, $8^k,7384$.
Températures de cette eau : initiale, $16^o,37$; finale, $30^o,42$.
Chaleur gagnée par l'eau froide d'injection, $8^k,7384 (30^o,42 - 16^o,37) = 122^c,77$.

Valeurs déduites des diagrammes :

A la fin de l'admission :

$$p_2 = 3912^k, \quad t_2 = 142°, \quad q_2 = 143^c,26, \quad r_2 = 506^c,55, \quad \rho_2 = 462^c,68, \quad \gamma_2 = 2^k,1160.$$

A la fin de la course :

$$p_1 = 593^k, \quad t_1 = 85°, \quad q_1 = 85^c,32, \quad r_1 = 547^c,10, \quad \rho_1 = 507^c,77, \quad \gamma_1 = 0^k,3695.$$

1° Supposons d'abord le poids de vapeur comprimée nul. Le poids de vapeur saturée sèche, au commencement de la détente, est

$$0^{m^3},0798 \times 2^k,1160 = 0^k,1688.$$

Il est inférieur de $0^k,2240 - 0^k,1688 = 0^k,0552$ au poids de vapeur consommée par coup de piston, dont $24\,^0/_0,64$ se sont condensés sur les parois pendant l'admission. A la fin de la course, le poids de vapeur

$$0^{m^3},490 \times 0^k,3595 = 0^k,1761$$

nous montre qu'elle contient $0^k,2240 - 0^k,1761 = 0^k,0479$ ou $24\,^0/_0,38$ de son poids à l'état d'eau.

Pendant l'expansion, les chaleurs internes n'ont diminué que de $1^c,66$:

$$\left.\begin{array}{l} U_2 = 0^k,2240 \times 143^c,26 + 0^k,1688 \times 462^c,68 = 110^c,22 \\ U_1 = 0^k,2240 \times 85^c,32 + 0^k,1761 \times 507^c,77 = 108^c,56 \end{array}\right\} U_2 - U_1 = 1^c,66.$$

Mais pour fournir au travail d'expansion et au refroidissement au condenseur, la vapeur arrivant de la chaudière a abandonné sa surchauffe et $24\,^0/_0,64$ se sont condensés contre les parois, leur fournissant

$$0^k,2240 \times 0,5 \, (195°,5 - 142°) + 0^k,0552 \times 506^c,55 = 33^c,95.$$

Le travail de détente consomme $AF_2 = 14^c,31$, le refroidissement extérieur $2^c,50$, d'où

$$R_2 = U_2 - U_1 + 33^c,95 - AF_2 - 2^c,50 = 1^c,66 + 33^c,95 - 14^c,31 - 2^c,50 = 18^c,80.$$

Vérification de R_2. — La chaleur interne finale $U_1 = 108^c,56$, augmentée de la chaleur du travail d'expulsion $2^c,14$, diminuée de celle qui reste dans la vapeur après condensation, $0^k,2240 \times 30^c,42 = 6^c,81$, donne

$$108^c,56 + 2^c,14 - 6^c,81 = 103^c,89,$$

lorsque la chaleur gagnée par l'eau froide injectée est $122^c,77$; comme nous savons, la différence de ces deux nombres est la chaleur envoyée au condenseur par les parois pendant l'échappement,

$$R_c = 122°,77 - 103°,89 = 18°,88,$$

nombre presque identique à celui que nous donne la première méthode.

2° Supposons que la compression ait renfermé de la vapeur sèche dans le cylindre, ses pressions initiales et finales sont :

$$p_2 = 1550^k,\ t_2 = 54°,30,\ q_2 = 54°,40,\ \rho_2 = 532°,00,\ \gamma_2 = 0^k,1020,$$
$$p_3 = 5594^k,\ t_3 = 85°,47,\ q_3 = 85°,80,\ \rho_3 = 507°,39,\ \gamma_3 = 0^k,3627.$$

Le poids de vapeur initial $0^k,1020 \times 0^{mc},040 = 0^k,00408$ devient, après compression, $0^k,3627 \times 0^{mc},005 = 0^k,00181$; il s'en est condensé 55 %, :

$$U_2 = 0^k,00408 \times 54°,40 + 0^k,00408 \times 532°,00 = 2°,39$$
$$U_3 = 0^k,00408 \times 85°,80 + 0^k,00181 \times 507°,39 = 1°,27 \Big\} \ U_2 - U_3 = 1°,12.$$

Pendant la compression, les chaleurs internes ont diminué de $1°,12$ reçues par les parois, en même temps qu'elles prenaient la chaleur produite par le travail de compression, $0°,23$, en tout une absorption de $1°,35$.

Le poids de vapeur et eau qui existe à la fin de la compression se mélange avec la vapeur arrivant de la chaudière, sa température est portée de $85°,47$ à $142°$; il gagne jusqu'à la fin de l'admission et aux dépens de la vapeur nouvelle,

$$0^k,00181 \times 0^k,5 (142° - 85°,47) + 0^k,00297 (143°,26 - 85°,80) = 0°,05 + 0°,13 = 0°,18,$$

qui sont à déduire des $33°,95$ fournies précédemment aux parois par la surchauffe et la condensation; reste $33°,95 - 0°,18 = 33°,77$.

Les parois ont donc reçu au commencement de la détente $1°,35$ pendant la compression et $33°,77$ pendant l'introduction, total $35°,12$.

La vapeur présente dans le cylindre est alors composée du mélange comprimé, plus le poids dépensé par coup de piston : $0^k,00408 + 0^k,2240 = 0^k,22808$, et les chaleurs internes ont diminué de $1°,89$:

$$U_3 = 0^k,22808 \times 143°,26 + 0^k,1688 \times 462°,68 = 110°,77$$
$$U_4 = 0^k,22808 \times 85°,32 + 0^k,1761 \times 507°,77 = 108°,88 \Big\} \ U_3 - U_4 = 1°,89.$$

Les parois fournissent $35°,12$, le travail de détente demande $AF_4 = 14°,31$, le refroidissement extérieur $2°,50$, d'où

$$R_r = U_3 - U_4 + 35°,12 - AF_4 - 2°,50 = 1°,89 + 35°,12 - 14°,31 - 2°,50 = 20°,20.$$

La première hypothèse nous conduisait à 18°,80 ; la seconde n'amène donc qu'une différence de 1°,40 ou $\dfrac{1°,40}{151°,16} = 0,93\,\%$ de la chaleur totale.

Vérification de R_6. — La chaleur interne finale $U_4 = 108°,88$, augmentée de la chaleur du travail d'expulsion (ici 1°,91 = 2°,14 — 0°,23 le travail de compression), diminuée de la chaleur qui reste dans la vapeur comprimée $U_3 = 2°,39$, ainsi que de celle que conserve la vapeur après condensation 6°,81, donne la somme de calories qui devraient être retrouvées au condenseur :

$$U_4 - U_3 + 1°,94 - 6°,81 = 108°,88 - 2°,39 + 1°,94 - 6°,81 = 101°,59,$$

mais l'eau froide injectée au condenseur a gagné 122°,77 ; la différence représente la chaleur enlevée aux parois pendant l'échappement :

$$R_6 = 122°,77 - 101°,59 = 21°,18,$$

et cette vérification se fait à $\dfrac{0°,98}{151°,16} = 0\,\%,65$ près.

3° Supposons un poids d'eau comprimée tel que les chaleurs internes ne puissent augmenter que de la chaleur du travail de compression. Ce poids d'eau 0^k,043, joint au poids de vapeur relevé 0^k,00408, donne en tout 0^k,04708, dont les chaleurs internes deviennent

$$\left. \begin{aligned} U_3 &= 0^k,04708 \times 54°,1 + 0^k,00408 \times 532°,00 = 4°,73 \\ U_4 &= 0^k,04708 \times 85°,8 + 0^k,00181 \times 507°,39 = 4°,96 \end{aligned} \right\} \quad U_3 - U_4 = -0°,23.$$

Les 0^k,04527 d'eau et 0^k,00181 de vapeur existant à la fin de la compression se mêlent à la vapeur venant de la chaudière, acquièrent à la fin de l'admission la température de 142° et absorbent

$$0^k,00181 \times 0,5(142° - 85°,47) + 0^k,04527\,(143°,26 - 85°,80) = 0°,95 + 2°,60 = 2°,65$$

prises à la vapeur nouvelle au détriment des parois, qui ne reçoivent plus que 33°,95 — 2°,65 = 31°,30. Le poids présent dans le cylindre est alors 0^k,2240 + 0^k,04708 = 0^k,27108 et les chaleurs internes diminuent de 4°,38 :

$$\left. \begin{aligned} U_3 &= 0^k,27108 \times 143°,26 + 0^k,1688 \times 462°,68 = 116°,93 \\ U_4 &= 0^k,27108 \times 85°,32 + 0^k,1761 \times 507°,77 = 112°,55 \end{aligned} \right\} \quad U_3 - U_4 = 4°,38.$$

Les parois n'ayant rien recueilli pendant la compression, fournissent seulement $31^c,30$, le travail de détente demande $AF_2 = 14^c,31$, le refroidissement extérieur $2^c,50$, d'où

$$R_2 = U_2 - U_1 + 31^c,30 - AF_2 - 2^c,50 = 4^c,38 + 31^c,30 - 14^c,31 - 2^c,50 = 18^c,87.$$

Vérification de R_2. — La chaleur interne finale $U_1 = 112^c,55$, augmentée de la chaleur du travail d'expulsion, compression déduite $1^c,91$, diminuée de la chaleur qui reste dans la vapeur comprimée $U_2 = 4^c,73$ et de celle que conserve la vapeur après condensation $6^c,81$, donne

$$U_1 - U_2 + 1^c,91 - 6^c,81 = 112^c,55 - 4^c,73 + 1^c,91 - 6^c,81 = 102^c,92,$$

et nous retrouvons $122^c,77$ gagnées par l'eau froide injectée au condenseur, la différence constitue ce qu'y envoient les parois

$$R_2 = 122^c,77 - 102^c,92 = 19^c,85.$$

Cette vérification se fait à $0^c,98$ ou $\dfrac{0^c,98}{151^c,16} = 0\%,65$ près.

Encore une fois, les trois hypothèses successives n'ont apporté qu'une erreur de 1% aux trois valeurs successivement obtenues pour R_2 ; nous sommes donc autorisés à prendre celle qui conviendra le mieux pour notre exposition.

De plus, la vérification de R_2 par la chaleur interne finale se faisant à $0\%,6$ aux dites hypothèses, il en résulte que toutes les valeurs déduites du diagramme au commencement de la détente sont correctes et que l'influence des tourbillons de M. Zeuner est nulle en pratique.

Il est fort probable qu'il en sera de même pour le quatrième essai que nous allons examiner.

IV. *Introduction* $^1/_7$. *Essai du 8 septembre 1875.* — Nombre de tours. $30^t,41$; force indiquée, $107^{ch},81$; vapeur saturée.

Valeurs directement relevées :

Pression à la chaudière, 4^k9706.

Poids d'eau entraînée par la vapeur, $0^k,003$ ou 1%.

Poids de vapeur consommée par coup de piston, $0^k,2634$.

Poids d'eau froide injectée au condenseur, $8^k,9132$.

Températures de cette eau : initiale, $16^o,50$; finale, $32^o,25$.

Chaleur gagnée par l'eau froide d'injection, $8^k,9132 (32^o,25 - 16^o,50) = 140^c,38$.

Valeurs déduites du diagramme :

A la fin de l'admission :

$p_2 = 38339^k,\ t_2 = 141°,30,\ q_2 = 142°,25,\ r_2 = 507°,35,\ \rho_2 = 463°,23,\ \gamma_2 = 2^k,0758.$

A la fin de la course :

$p_1 = 5737^k,\ t_1 = 84°,33,\ q_1 = 84°,65,\ r_1 = 547°,89,\ \rho_1 = 508°,30,\ \gamma_1 = 0^k,3484.$

1° Supposons le poids de vapeur comprimée nul; le poids de vapeur saturée sèche existant au commencement de la détente est

$$0^{m3},0798 \times 2^k,0758 = 0^k,1656.$$

Inférieur au poids de vapeur saturée sèche sortie de la chaudière par coup de piston $0^k,2604$; il indique une condensation sur les parois de $0^k,2604 - 0^k,1656 = 0^k,0948$, soit 36 %, rendant $0^k,0948 \times 507°,35 = 48°,10$ pendant l'admission.

A la fin de la course, le poids de vapeur

$$0^{m3},490 \times 0^k,3484 = 0^k,1707$$

nous prouve qu'il reste encore $0^k,2634 - 0^k,1707 = 0^k,0927$ ou 35 %,19 d'eau dans cette vapeur.

Les chaleurs internes diminuent de $5°,12$:

$$\left. \begin{array}{l} U_2 = 0^k,2634 \times 142°,25 + 0^k,1656 \times 463°,23 = 114°,19 \\ U_1 = 0^k,2634 \times\ 84°,65 + 0^k,1707 \times 508°,30 = 109°,07 \end{array} \right\} U_2 - U_1 = 5°,12.$$

La condensation pendant l'admission a rendu $48°,10$, le travail de détente consomme $AF_4 = 13°,70$, le refroidissement extérieur $2°,50$, d'où

$$R_i = U_2 - U_1 + 48°,10 - AF_4 - 2°,50 = 5°,12 + 48°,10 - 13°,70 - 2°,50 = 37°,02.$$

Vérification de R_c. — La chaleur interne finale $U_1 = 109°,07$, augmentée de la chaleur du travail d'expulsion $2°,43$, diminuée de celle qui reste dans la vapeur après sa condensation $0^k,2634 \times 32°,25 = 8°,49$, donne

$$109°,07 + 2°,43 - 8°,49 = 103°,01.$$

Nous retrouvons dans l'eau froide injectée au condenseur $140°,38$, l'excédant y a été envoyé par les parois

$$R_c = 140°,38 - 103°,01 = 37°,37$$

et l'écart relevé entre ces deux valeurs de R_c est insignifiant, $0^k,35.$

2° Supposons que la compression ait renfermé de la vapeur sèche dans le cylindre, le diagramme nous donne :

$$p_1 = 1653^k, \quad t_1 = 55°,71, \quad q_1 = 55,82, \quad \varrho_1 = 530,93, \quad \gamma_1 = 0^k,1081,$$
$$p_2 = 6200^k, \quad t_2 = 86°,32, \quad q_2 = 86,66, \quad \varrho_2 = 506,72, \quad \gamma_2 = 0^k,3744.$$

Le poids de vapeur initial $0^k,1081 \times 0^{m^3},040 = 0^k,00432$ devient, après compression, $0^k,3744 \times 0^{m^3},005 = 0^k,00187$; il s'en est condensé 57 %.

Les chaleurs internes ont diminué pendant la compression de $1°,21$:

$$U_1 = 0^k,00432 \times 55°,82 + 0^k,00432 \times 530°,93 = 2°,53$$
$$U_2 = 0^k,00432 \times 86°,66 + 0^k,00187 \times 506°,72 = 1°,32 \Big\} \quad U_1 - U_2 = 1°,21,$$

qui ont passé aux parois avec la chaleur du travail de compression $0°,23$, en tout $1°,44$.

La vapeur et l'eau existant à la fin de la compression se mélangent à la vapeur arrivant de la chaudière, voient leur température portée à $144°,30$, prennent à la vapeur nouvelle et au détriment des parois

$$0^k,00187 \times 0,5(144°,30 - 86°,32) + 0^k,00245(142°,25 - 86°,66) = 0°,05 + 0°,13 = 0°,18,$$

qui sont à déduire des $48°,10$ qu'abandonnait la vapeur en se condensant ; reste $48°,10 - 0°,18 = 47°,92$; les parois ont donc reçu : pendant l'admission, $47°,92$; pendant la compression, $1°,44$; total $49°,36$.

Le poids vapeur et eau présent dans le cylindre à la fin de l'admission se compose de la dépense $0^k,2634$, plus le poids comprimé $0^k,00432$, en tout $0^k,26772$, et sa chaleur interne diminue de $5°,36$ pendant l'expansion :

$$U_4 = 0^k,26772 \times 142°,25 + 0^k,1658 \times 468°,23 = 114°,79$$
$$U_5 = 0^k,26772 \times 84°,65 + 0^k,1707 \times 508°,30 = 109°,43 \Big\} \quad U_4 - U_5 = 5°,36.$$

Les parois ont reçu $49°,36$, le travail de détente a demandé $AF_4 = 13°,70$, le refroidissement extérieur $2°,50$, d'où

$$R_5 = U_4 - U_5 + 49°,36 - AF_4 - 2°,50 = 5°,36 + 49°,36 - 13°,70 - 2°,50 = 38°,52,$$

au lieu de $37°,02$ que nous donnait la première hypothèse ; c'est une différence de $1°,50$ ou $\dfrac{1°,50}{170°,36} = 0$ %,88 de la chaleur totale.

Vérification de R_5. — La chaleur interne finale $U_5 = 109°,43$, augmentée de la chaleur du travail d'expulsion ($2°,20 = 2°,43 -$

0ᶜ,23 de la compression), diminuée de la chaleur que garde la vapeur comprimée $U_1 = 2^c,53$ et de celle que conserve la vapeur condensée 8ᶜ,49, donne :

$$U_1 - U_2 + 2^c,20 - 8^c,49 = 109^c,43 - 2^c,53 + 2^c,20 - 8^c,49 = 100^c,61.$$

L'eau froide injectée au condenseur y gagne 140ᶜ,38 ; l'excédant qu'elle présente y est envoyé par les parois :

$$R_4 = 140^c,38 - 100^c,61 = 39^c,77.$$

Cette valeur vérifie la précédente à 1ᶜ,25 près, soit

$$\frac{1^c,25}{170^c,36} = 0\%,73.$$

3° Supposons que les parois n'aient rien fourni pendant la compression, condition qui fixe à 0ᵏ,0465 le poids d'eau qui se comprime avec la vapeur, et n'augmente les chaleurs internes que des 0ᶜ,23 rendues par le travail de compression. Ce poids d'eau, joint à la vapeur déjà existante 0ᵏ,00432, donne un total 0ᵏ,05082 :

$$U_3 = 0^k,05082 \times 55^c,82 + 0^k,00432 \times 530^c,98 = 5^c,12$$
$$U_4 = 0^k,05082 \times 86^c,66 + 0^k,00487 \times 506^c,72 = 5^c,35 \quad \big\} \ U_4 - U_3 = -0^c,23.$$

Ce poids comprimé se mélange à la vapeur arrivant de la chaudière, acquiert à la fin de l'admission la température de 141°,30 et prend à la vapeur fraîche

$$0^k,00187 \times 0,5(141^c,30 - 86^c,32) + 0^k,04895(142^c,25 - 86^c,66) = 0^c,05 + 2^c,72 = 2^c,77$$

calories qui sont à déduire des 48ᶜ,10 qu'aurait fournies aux parois la condensation pendant l'admission ; il reste pour celles-ci

$$48^c,10 - 2^c,77 = 45^c,33.$$

Le poids de vapeur présent dans le cylindre à la fin de l'admission est 0ᵏ,2634 + 0ᵏ,05082 = 0ᵏ,31422 ; sa chaleur interne diminue pendant l'expansion de 9ᶜ,04 :

$$U_5 = 0^k,31422 \times 112^c,25 + 0^k,1636 \times 463^c,23 = 121^c,41$$
$$U_6 = 0^k,31422 \times 84^c,65 + 0^k,1707 \times 508^c,30 = 112^c,37 \quad \big\} \ U_5 - U_6 = 9^c,04.$$

Les parois fournissent 45ᶜ,33, le travail de détente demande $AF_4 = 13^c,70$, le refroidissement extérieur 2ᶜ,50, d'où

$$R_5 = U_5 - U_6 + 45^c,33 - AF_5 - 2^c,50 = 9^c,04 + 45^c,33 - 13^c,70 - 2^c,50 = 38^c,17.$$

Valeur qui se rapproche encore de celle qu'a donnée la première hypothèse.

Vérification de R_c. — La chaleur interne finale $U_1 = 112^c,37$, augmentée de la chaleur du travail d'expulsion, compression déduite, $2^c,20$, diminuée de la chaleur que garde la vapeur comprimée $U_2 = 5^c,12$, ainsi que de celle que conserve la vapeur condensée $8^c,49$, donne :

$$U_1 - U_2 + 2^c,20 - 8^c,49 = 112^c,37 - 5^c,12 + 2^c,20 - 8^c,49 = 100^c,96.$$

Comme nous retrouvons au condenseur $140^c,38$, l'excédant y est envoyé par les parois :

$$R_c = 140^c,38 - 100^c,96 = 39^c,42,$$

et c'est encore à $1^c,25$ ou $0^{\,0}/_0,73$ que se justifie cette valeur.

En somme, notre exposition prouve : qu'à part le premier essai pour lequel, en vue d'un exposé plus simple, nous ne tenons pas compte de l'élévation de température du mélange comprimé, et dont les différentes valeurs concordent cependant à $2^0/_0$ près, résultat encore très satisfaisant en pratique, tous les autres donnent R_c avec une exactitude telle que sa vérification se fait à moins de $1^0/_0$ par la chaleur interne finale et le jaugeage de l'eau froide injectée au condenseur.

Quelle que soit celle des trois hypothèses qu'il nous convienne d'adopter, le refroidissement au condenseur, déduit des transformations thermiques pendant l'expansion, est rigoureusement correct ; ce qui justifie tout ensemble et la pression p_0 que nous relevons sur le diagramme, et les résultats thermiques que nous en tirons par le calcul.

En nous reportant à l'une des objections capitales de M. Zeuner, nous voyons qu'il admet pour la vapeur entrant au cylindre un état tumultueux, des tourbillons internes violents se perpétuant au-delà même du commencement de la détente et devant nécessairement : d'une part, fausser la pression initiale p_0 que l'indicateur donne trop faible ; d'autre part, rendre impossible tout emploi des formules thermiques dont nous avons besoin pour établir le poids de vapeur sèche et sa chaleur.

Il y a là, comme on voit, un point fort délicat à élucider ; car si l'objection de M. Zeuner est exacte, toutes nos recherches, et celles de M. Zeuner lui-même, peuvent être considérées comme inutiles ; il n'y a pas plus à faire la théorie *pratique* que la théorie *générique* d'une machine dans lesquels les tourbillons du fluide viennent rendre inapplicables les formules de la thermodynamique.

Fort heureusement pour l'étude de la machine à vapeur, et pour nos recherches en particulier, cette objection d'ordre purement théorique peut être facilement ramenée à sa juste valeur pratique, et M. Hirn a déjà démontré, par différentes considérations d'ordre supérieur, que l'effet de ces tourbillons, singulièrement exagéré par M. Zeuner, est à peu près nul.

Nos essais viennent encore apporter à l'appui de cette démonstration un fait difficilement réfutable. Si, comme nous l'avons dit plus haut, les valeurs calculées au commencement de la détente sont fausses, leur résultante R_c, déduite des transformations thermiques pendant l'expansion, est entachée d'erreur et sa vérification par la chaleur interne finale U_4 ne pourra se faire ; car cette chaleur interne finale est exacte, puisqu'elle correspond à un moment ou la vitesse du piston est nulle et le fluide sensiblement à l'état d'équilibre. Or qu'arrive-t-il ? la chaleur interne finale comparée à celle que nous trouvons dans l'eau froide injectée au condenseur justifie R_c à moins de 1 % près.

Il en résulte donc que l'état tumultueux de la vapeur au commencement de la détente a un effet insignifiant sur les valeurs que nous déduisons de la pression initiale donnée par le diagramme, et qu'en supposant même, comme le fait M. Hirn, de la vapeur surchauffée à l'intérieur de la masse pendant que la vapeur condensée couvre les parois, nous pouvons encore légitimement procéder comme nous l'avons fait pour établir R_c.

Ce refroidissement au condenseur sera correct en toute hypothèse, et comme nous savons qu'il représente l'action extérieurement perceptible des parois, l'existence et l'intensité de celle-ci sont démontrées du même coup.

Enfin, suivant que nous supposons la vapeur comprimée nulle, sèche ou contenant environ dix fois son poids d'eau, poids nécessaire pour que l'action des parois soit nulle pendant la compression, nous ne trouvons pour R_s qu'une différence maxima de $1 °/_0,75$, et encore est-ce pour le premier essai. Nous pouvons donc admettre l'hypothèse qui conviendra le mieux à notre exposition ; ce que nous avons fait du reste dans chaque cas particulier.

L'importance donnée par M. Zeuner aux espaces nuisibles et à l'eau liquide qu'ils peuvent contenir après compression, nous engage à reprendre sous une forme un peu différente l'analyse critique de l'un quelconque de nos essais, le dernier avec vapeur saturée par exemple ; il nous permettra de réfuter la seconde objection capitale de M. Zeuner, qui attribue à l'eau liquide renfermée dans le cylindre, et non aux parois, la plus grande partie des condensations produites pendant l'introduction, en même temps qu'il justifiera pourquoi nous avons adopté, comme quantité d'eau maxima possible renfermée dans le cylindre, celle qui correspond à une action thermique nulle des parois.

Mais citons d'abord textuellement la critique de M. Zeuner (pages 28 et 29 de son étude) ; elle viendra éclairer la discussion :

« Pour pouvoir soutenir encore que le cylindre ne contient plus
« d'eau au commencement de la compression, on en est venu à
« admettre qu'au moment où la vapeur commence à se jeter au
« condenseur, toute l'eau est entraînée par suite des mouvements
« impétueux des gaz aqueux. Ceci, il faut bien l'avouer, est un
« moyen fort simple de se débarrasser de cette masse d'eau si
« incommode, qui précisément influe le plus sur la valeur de Q_c (R_c),
« comme le montrent les équations (IV$_a$) et (IV$_b$) ! Je ne puis me
« rallier à cette manière de voir.[1]

---

[1] Note de M. Hirn. — Puisque incommode il y a, je me permets de faire remarquer que cette masse d'eau *si gênante*, dont nous sommes censés avoir deviné et sciemment éliminé l'existence, serait encore plus incommode pour un bon rendement de la machine à vapeur qu'elle ne le serait au théoricien cherchant à faire prédominer, à faux, la valeur de R_c. La perte au condenseur est un fait expérimental dont nous avons démontré, sous forme incontestable, l'existence et la réalité. Ainsi que je l'ai montré, si les parois n'avaient pas d'action thermique, c'est à la provision hypothétique d'eau M, qu'il faudrait attribuer cette perte. La pratique de la machine à vapeur ne gagnerait assurément rien à cette

« La quantité notable d'eau, présente à la fin de la détente, doit
« se trouver partiellement à l'état de brume, partiellement à l'état
« de rosée ou d'eau précipitée sur les parois. Au premier moment
« de l'échappement, une portion de cette eau sans doute peut être
« emportée ; une autre portion aussi s'évapore pendant le recul du
« piston et se trouve éliminée à l'état de vapeur ; mais la plus
« grande partie reste certainement[1] à l'état de rosée le long des
« parois, et, balayée par le piston, se rassemble dans l'espace
« nuisible, qui est clos pendant la compression. »

Nous venons de voir quelle est l'opinion de M. Hirn au sujet
de cette partie de la critique de M. Zeuner ; cherchons maintenant
si nos essais ne nous fournissent pas un moyen direct de la réfuter
à l'aide des observations relevées ; et pour ce faire, admettons
comme M. Zeuner (page 30) qu'il peut rester dans l'espace comprimé un poids parfois égal à la dépense du moteur par coup de
piston ; soit $0^k.260$ pour l'essai du 8 septembre, à vapeur saturée,
qui nous sert d'exemple.

Nous nous sommes servi, pour déterminer le volume de vapeur
qui se comprime dans la machine à vapeur surchauffée, de l'essai
fait sans condenseur ; la contre-pression assez forte 10800^k nous

permutation. On voudra bien me croire que si, comme analyste et comme expérimentateur, j'avais reconnu la présence de l'eau en permanence dans les espaces
perdus des cylindres, j'en aurais constaté l'action tout aussi volontiers que celle
du métal.

[1] NOTE DE M. HIRN. — Comme physicien, je conteste de la façon la plus formelle la possibilité de l'existence d'eau, *à l'état de division infinitésimale*, sur des
parois métaliques à plus de 120° en moyenne, alors que la pression tombée
au-dessous de $0^{mm},15$ ne répond qu'à une température de 54°. Dès le moment de
l'ouverture du tiroir d'échappement, cette eau, si effectivement elle est présente,
et je l'admets, quoique par de toutes autres raisons que M. Zeuner, cette eau
doit s'évaporer instantanément, aux dépens de la chaleur des parois. De là R_2.

Comme question de mécanique appliquée, je conteste tout aussi formellement
que cette eau en rosée, si elle n'était évaporée, serait balayée et *collectée* par le
mouvement du piston, de façon à se réunir dans les espaces perdus. Les segments
du piston certainement passeraient *par-dessus* cette eau sans l'entraîner. Le
liquide servirait de *lubrifiant*, absolument comme la graisse, qui n'est non plus
balayée ; et ce lubrifiant, comme mes expériences sur le frottement l'ont depuis
longtemps montré, serait même bien préférable à la graisse.

permet de choisir un point où certainement la compression est
commencée, et ce point indique $0^{m3},040$ litres pour le volume
qu'occupe la vapeur, espaces nuisibles compris. Le réglage de la
machine à l'échappement restant toujours le même, ce volume est
identique pour tous les essais exécutés en 1875; c'est aussi celui
que nous avons pour notre essai à vapeur saturée, introduction
d'environ $^1/_7$; il nous fixe le point où nous devons relever sur le
diagramme la pression initiale de la compression p_4, et cette pression s'obtient avec une exactitude plus que suffisante, car pendant
toute la durée de l'échappement la contre-pression a été presque
constante :

$$p_4 = 1653^k, \quad t_4 = 55°,61, \quad q_4 = 55°,82, \quad \rho_4 = 530°,93, \quad \gamma_4 = 0^k,1081.$$

Le poids de vapeur sèche initial est $0^{m3},040 \times 0^k,1081 =
0^k,00432$, qui se comprimera jusqu'à occuper seulement le volume
de l'espace nuisible $0^{m3},005$ lorsque le piston sera à bout de course,
moment où nous relevons sur le diagramme une pression de 6200^k.

Mais nous devons convenir qu'en ce point (sauf pourtant l'essai
sans condenseur où la pression finale sur l'une des faces du piston
dépasse un peu la pression d'admission) nous avons à faire une de
ces déterminations délicates où intervient ce que les astronomes
appellent le *coefficient de l'observateur*. Aussi, dans la discussion
que nous entamons, allons-nous hardiment au-devant des objections
en admettant que cette pression est trop faible; elle ne saurait être
trop forte, cela est évident pour tout opérateur qui a relevé des
diagrammes de ce genre, la seule cause d'erreur à craindre étant
celle d'un arrêt prématuré de l'appareil indicateur avant que le
piston n'ait tout à fait terminé sa course.

Exagérons considérablement, doublons la pression finale relevée;
nous verrons bientôt que cette augmentation n'a pour effet que de
diminuer le poids d'eau maximum possible dans l'espace comprimé,
qu'elle agit par conséquent en sens contraire de l'objection de
M. Zeuner. Nous avons donc à la fin de la compression :

$$p_2 = 12400^k, \quad t_4 = 105°,17, \quad q_4 = 107°,71, \quad \rho_4 = 491°,80, \quad \gamma_4 = 0^k,7194$$

et un poids de vapeur sèche final $0^{m3},005 \times 0^k,7194 = 0^k,00360$;

la vapeur s'est encore condensée pendant la compression. D'un autre côté, avec cette pression finale la chaleur rendue par le travail de compression n'est plus 0°,23, il a augmenté; pour ne point le compter trop bas, doublons-le comme nous avons fait pour la pression finale et prenons-le égal à 0°,46.

Admettons enfin avec M. Zeuner que la compression ait enfermé dans le cylindre, en même temps que le poids de vapeur calculé plus haut 0^k,00432, un poids d'eau 0^k,260 presque égal à la dépense de vapeur de la machine; les chaleurs internes initiales et finales pendant la compression seront :

$$U_1 = 0^k,26432 \times 55°,82 + 0^k,00432 \times 530°,93 = 17°,04 \atop U_2 = 0^k,26432 \times 105°,74 + 0^k,00360 \times 491°,80 = 29°,72 \Bigg\} \; U_2 - U_1 = -12°,68.$$

Elles ont augmenté de 12°,68 et cependant le travail de compression n'a fourni que 0°,46; il reste donc à expliquer la provenance de 12°,68 — 0°,46 = 12°,22.

Bien que l'hypothèse des parois métalliques fournissant de la chaleur pendant la compression soit physiquement fort contestable, car elles viennent d'être refroidies pendant l'échappement, nous sommes cependant forcés de leur attribuer ce gain des chaleurs internes; c'est le résultat inévitable de l'hypothèse d'un poids d'eau 0^k,260 restant dans le volume qui se comprime.

Nous insistons sur ce point : l'eau comprimée avec la vapeur *oblige* à admettre l'action des parois *métalliques* fournissant 12°,22, chiffre qui est loin d'être insignifiant, et nous ne pouvons ici remplacer ces parois métalliques par un poids d'eau se trouvant antérieurement dans le cylindre.

A la fin de la compression nous avons 0^k,00360 de vapeur sèche et 0^k,26072 d'eau, qui, d'après M. Zeuner, va amener la condensation d'une partie de la vapeur nouvelle et réduire l'action des parois métalliques.

Le mélange comprimé passe de la température 105°,17 à 141°,30; il demande à la vapeur nouvelle qui se condense en arrivant de la chaudière au cylindre :

$$0^k,00360 \times 0^c,5\,(141°,30 - 105°,17) + 0^k,26072\,(142°,25 - 105°,74) = 0°,06 + 9°,52 = 9°,58.$$

La condensation totale ayant rendu, comme nous savons, 48°,10, les parois n'ont plus à recevoir que 48°,10 — 9°,58 = 38°,52; c'est encore un chiffre fort respectable !

Il nous reste à voir maintenant comment se distribue cette chaleur. Le poids eau et vapeur présent au commencement de l'expansion est, par hypothèse, égal à la dépense relevée directement par coup de piston $0^k,2634$, augmentée du poids comprimé $0^k,26432$; en tout $0^k,52772$ qui subissent les transformations thermiques indiquées par le diagramme et donnent le travail de détente; les chaleurs internes, au commencement et à la fin de l'expansion, deviennent :

$$\left.\begin{array}{l} U_2 = 0^k,52772 \times 142°,25 + 0^k,1656 \times 463°,28 = 151°,78 \\ U_1 = 0^k,52772 \times \ \ 84°,65 + 0^k,1707 \times 508°,30 = 131°,44 \end{array}\right\} U_2 - U_1 = 20°,34.$$

Elles ont diminué de 20°,34, les parois métalliques ont absorbé 38°,52, le travail de détente demande $AF_4 = 13°,70$, le refroidissement extérieur 2°,50, d'où :

$$R_4 = U_2 - U_1 + 38°,52 - AF_4 - 2°,50 = 20°,34 + 38°,52 - 13°,70 - 2°,50 = 42°,66.$$

La présence d'un poids d'eau considérable paraît avoir augmenté le refroidissement au condenseur, car nous n'avons obtenu que 38°,52 en supposant sèche la vapeur qui se comprime; nous allons voir ce qui en est réellement.

Vérification de R_c. — Cherchons à justifier ce chiffre établi par les transformations de la vapeur durant l'expansion; déduisons R_c de la chaleur que gagne l'eau froide injectée au condenseur et de la chaleur interne finale $U_1 = 131°,44$; nous devons augmenter cette chaleur interne de la chaleur du travail d'expulsion, compression déduite, 2°,43 — 0°,46 = 1°,97; la diminuer de la chaleur qui reste dans l'eau et la vapeur comprimée $U_2 = 17°,04$ et de celle que conserve la vapeur après la condensation 8°,49, pour avoir :

$$U_1 - U_2 + 1°,97 - 8°,49 = 131°,44 - 17°,04 + 1°,97 - 8°,49 = 107°,88,$$

que nous devons retrouver au condenseur si les parois et l'eau qui les tapisse n'y envoient aucun supplément de chaleur; mais l'eau froide injectée a gagné $140°,38$, la différence

$$R_c = 140°,38 - 107°,88 = 32°,50$$

est ce qui passe au condenseur en plus de la chaleur interne finale.

Il se présente ici entre la première valeur de R_c et sa vérification un écart de $10°,16$ qui n'est point le résultat d'une erreur et dont nous devons chercher la raison d'être.

Il est évident que ce que nous appelons refroidissement au condenseur, c'est-à-dire l'excédant de chaleur retrouvée dans l'eau froide injectée au condenseur, est donnée correctement par la seconde méthode et se trouve être égal à $32°,50$.

Que donne alors la première méthode basée sur les transformations de la vapeur pendant l'expansion? elle donne de toute évidence la chaleur emmagasinée par les parois *métalliques* pendant une course, la course ascendante par exemple pour fixer les idées, et rendue pendant la course inverse la course descendante d'échappement, et cette chaleur se distribue en partie au condenseur $30°,44$, en partie à la vapeur qui se comprime $12°,22$, ce qui donne le total $R_c = 42°,66$ trouvé plus haut. La vérification du refroidissement au condenseur réel se fait alors dans des conditions très satisfaisantes à $32°,50 - 30°,44 = 2°,16$ près, soit $\dfrac{2°,16}{170°,36} = 1\ °/_°,26$ de la chaleur totale apportée au cylindre.

Je dis la chaleur emmagasinée par les parois *métalliques*; car c'est bien le métal qui a pris pendant la course ascendante la chaleur $42°,66$ qu'il restitue pendant la course descendante. En effet, la chaleur $9°,58$ absorbée jusqu'à la fin de l'admission par l'eau et la vapeur restées dans l'espace nuisible a été déduite de celle que rend la condensation totale $48°,10$, et il est resté $38°,52$ bien réellement prises par les parois métalliques. Pendant l'expansion les chaleurs internes ont diminué de $20°,34$, et comme le travail de détente, le refroidissement extérieur n'ont absorbé que $13°,70 + 2°,50 = 16°,20$, il reste encore $4°,14$ qui ont été prises aussi par les parois métalliques; aucun doute possible à cet égard, les chaleurs internes U_3 et U_4 contenant les variations de chaleur de toute l'eau et la vapeur présente dans le cylindre pendant l'expansion.

Il résulte de là que, contrairement à l'affirmation formelle de M. Zeuner, le poids d'eau considérable $0^k,260$ renfermé dans l'espace nuisible ne peut en aucune façon se substituer aux parois métalliques en ce qui est de leur action thermique ; il n'a pour effet que de changer la distribution de la chaleur, donnant $12^c,22$ à la compression, $30^c,44$ au condenseur, mais ne peut altérer en rien le total $42^c,66$ cédées par les parois métalliques seules ; total qui est encore un peu supérieur aux $38^c,52$ qu'elles fournissaient lorsque nous avons supposé sèche la vapeur à comprimer.

L'action thermique des parois *métalliques*, même lorsque l'on adopte les hypothèses de M. Zeuner, conserve donc toute son intensité, se dresse en face de ses objections et les renverse ; ce que l'éminent analyste aurait facilement reconnu si, au lieu d'introduire simplement dans ses formules nos données d'expérience, il les avait discutées physiquement comme nous venons de le faire.

Un dernier point est encore à établir ; est-il réellement possible qu'il existe dans l'espace comprimé un poids de vapeur et surtout d'eau aussi considérable, $0^k,26072$, que l'admet M. Zeuner ? le problème ainsi posé se ramène, comme nous l'avons vu par notre exposition précédente, au suivant : est-il possible que les parois, après avoir été refroidies pendant l'échappement, puissent conserver assez de chaleur pour en céder pendant la compression ?

Ce sont encore nos essais qui vont donner une solution expérimentale à cette question ; l'un d'eux, exécuté sur la machine marchant sans condenseur, échappant à l'air libre et consommant de la vapeur surchauffée à $220°$, indique de la vapeur certainement sèche, sinon surchauffée, à la fin de l'expansion ; aussi R_5 est-il nul.[1]

---

[1] Au sujet de cet essai publié en 1877, nous indiquerons une correction que le nouvel examen de nos observations nous conduit à faire : les pressions initiales et finales $p_0 = 34877$ et $p_6 = 10541$ sont un peu différentes de celles que nous avions primitivement relevées. Le poids de vapeur condensée est alors $10\%,4$ au lieu de 12%, et le poids final $0^k,3020$, indiquant toujours une légère surchauffe, nous prouve que le poids réellement présent dans le cylindre $0^k,2985$ est bien au

Il est hors de doute qu'alors la vapeur reste constamment sèche pendant toute la durée de l'échappement, qu'elle est encore sèche au moment où nous sommes certains du commencement de la compression. La pression initiale est exacte, comme nous l'avons dit plus haut, et la pression finale s'obtient d'une façon suffisamment correcte, car d'un côté du piston elle dépasse un peu la pression initiale d'admission et de l'autre elle l'atteint presque :

$$p_2 = 11574^k, \quad t_2 = 103^o,20, \quad q_2 = 103^c,74, \quad \rho_2 = 493^c,37, \quad \gamma_2 = 0^k,6729,$$
$$p_3 = 38235^k, \quad t_3 = 141^o,21, \quad q_3 = 142^c,45, \quad \rho_3 = 463^c,70, \quad \gamma_3 = 2^k,0729.$$

Le poids initial de vapeur comprimée, que nous avons montré devoir être sec, est $0^{m3},040 \times 0^k,6729 = 0^k,0269$; il devient à la fin de la compression $0^{m3},005 \times 2^k,0729 = 0^k,0103$; il s'est donc condensé pendant cette période $0^k,0269 - 0^k,0103 = 0^k,0166$ ou $61\%,7$ du poids qui se comprime et les chaleurs internes ont diminué de $7^c,37$:

$$\left. \begin{aligned} U_2 &= 0^k,0269 \times 103^c,74 + 0^k,0269 \times 493^c,37 = 15^c,97 \\ U_3 &= 0^k,0269 \times 142^c,45 + 0^k,0103 \times 463^c,70 = 8^c,60 \end{aligned} \right\} U_2 - U_3 = 7^c,37.$$

La vapeur, en se comprimant, loin de prendre de la chaleur aux parois, leur en a au contraire abandonné une portion notable; c'est là un fait expérimental que les quantités assez fortes constituant, dans ce cas particulier, aussi bien les poids de vapeur que les calories qu'elles possèdent, viennent mettre hors de discussion.

Or nous remarquerons ici qu'avec échappement libre les parois sont beaucoup plus chaudes qu'avec échappement au condenseur; d'abord elles ont évaporé pendant toute l'expansion, puisque la vapeur contenant $10\%,4$ d'eau au commencement de la détente est bien certainement sèche à la fin de la course et paraît même être légèrement surchauffée; ensuite elles n'ont pu être refroidies pendant l'échappement à l'air libre, R_6 étant nul. Elles étaient donc, pour fournir de la chaleur à la vapeur qui se comprime,

---

moins à l'état saturé sec. Cette correction ne change en rien le résultat final; car le refroidissement au condenseur est encore $R_4 = -1^c,87$, ce qui, erreurs d'expériences mises à part, nous garantit qu'il est certainement nul. Naturellement nous ne pouvons le vérifier par la chaleur retrouvée au condenseur, celui-ci ne fonctionnant pas.

dans de bien meilleures conditions que lorsque fonctionne le condenseur. Si, au lieu d'en donner, elles en ont demandé une quantité notable, *a fortiori* en est-il de même pour tous nos autres essais.

Nous voyons aussi maintenant que l'augmentation de la pression finale de compression p_s, supposée par nous trop faible et que nous avions doublée pour notre dernière analyse, n'a d'autre effet que d'augmenter la chaleur fournie par les parois, de diminuer la portion d'eau possible dans les espaces nuisibles, en un mot, que d'être contraire à l'hypothèse de M. Zeuner ; nous pouvons par conséquent nous en tenir à toutes celles que nous avions précédemment déterminées.

Avec échappement à air libre les parois absorbent $7°,37$, plus la chaleur du travail de compression $1°,34$, soit un total de $8°,71$; plus que le double de la chaleur interne initiale de compression $U_1 = 15°,97$. Il est donc impossible que les parois n'absorbent rien lorsque fonctionne le condenseur. L'hypothèse 3 déduite de cette dernière condition et par suite de laquelle l'eau présente dans l'espace comprimé serait égale dix fois au poids de vapeur, poids d'eau que jusqu'à présent nous avions considéré comme un maximum possible, resterait donc encore bien au-dessus de la vérité.

Nous sommes loin de vouloir poser comme règle générale que les parois d'une machine sans enveloppe de vapeur doivent absorber la moitié de la chaleur interne initiale de compression ; mais reportons-nous à l'analyse de nos quatre essais ; la simple inspection des résultats obtenus nous prouvera que la quantité d'eau contenue dans le cylindre en ce moment doit être très faible, peut être négligée sans crainte d'erreur sensible.

En résumé, nous arrivons par une voie toute différente aux mêmes conclusions que M. Hirn, ou, pour mieux préciser : en annulant les objections de M. Zeuner par l'emploi de résultats pratiques entièrement tirés de nos observations, nous parvenons à adapter en quelque sorte nos conclusions à celles déjà si complètement développées par M. Hirn, de manière à les renforcer si elles en avaient besoin.

M. Hirn prouve qu'il est physiquement impossible que les tourbillons, les mouvements tumultueux de la vapeur soient tels qu'ils rendent inapplicables les formules thermiques ; et nous établissons que si ces tourbillons existent avec l'intensité que leur attribue M. Zeuner, les valeurs du refroidissement au condenseur sont fausses, ne peuvent se vérifier par la chaleur interne finale et celle que l'on retrouve au condenseur ; or cette vérification se fait à moins de un pour cent près.

M. Hirn montre que si l'on introduit un poids d'eau notable dans l'espace comprimé du cylindre, de manière à amener par cette eau la condensation constatée pendant l'admission, le liquide ne peut cependant pas rester dans la machine, qu'il en est expulsé au bout de peu de coups de piston, et nous faisons voir par nos résultats d'essais que cette eau n'existe qu'en quantité insignifiante.

Enfin tous deux nous arrivons, mais sous forme distincte, à établir que : prît-on même comme exacte l'hypothèse de M. Zeuner relative au poids d'eau considérable renfermé dans l'espace nuisible du cylindre, l'action des parois *métalliques* n'en conserve pas moins toute son énergie.

C'est ainsi que cette réfutation justifie du même coup, et la nouvelle méthode d'analyse inaugurée par M. Hirn sous le nom de *Théorie pratique* et tous les résultats que nous en avons tirés dans nos différents travaux.

NOTE

Nous donnons encore l'essai du 26 août 1875, fait avec de la vapeur surchauffée à 215° et l'introduction de $^1/_{1,3}$; si je ne l'ai pas introduit dans le cours de la réfutation, c'est d'abord parce que celle-ci demandait deux séries d'essais faits dans les conditions les plus diverses possibles, comme cela a lieu pour les introductions $^1/_4$ et $^1/_2$, et ensuite parce que les résultats de cette expérience publiés en 1877 sont entachés d'erreurs qui se sont glissées dans le calcul de la température fin d'admission déduite de la formule Roche et dans le calcul du poids d'eau final. Nous ne cherchons point à excuser les erreurs que j'ai découvertes tout récemment en revoyant les calculs; mais si l'on songe au nombre d'opérations à exécuter, on comprendra qu'il puisse s'y glisser quelques fautes, d'autant plus que, comme il arrive parfois, une série d'erreurs en sens contraire avait amené les vérifications à se faire très exactement. Pendant longtemps nous avons suspecté la valeur de cet essai, car il nous semblait difficile que la vapeur fût restée presque sèche à la fin de l'introduction $^1/_{1,3}$; mais nous accusions nos observations de l'étrangeté de ce résultat inexplicable pour nous, jusqu'au moment où de nouvelles recherches nous ont amené à découvrir le point faible provenant d'erreurs de chiffres, les pressions relevées restant exactes.

Dorénavant tout est correct et logique; les nouvelles valeurs, en supposant nul le poids de vapeur comprimé, donnent à la fin de l'admission une condensation de $9^0/_0,8$ et à fin de course $14^0/_0,8$; ces valeurs sont les suivantes :

$$p_2 = 41415^k, \quad t_2 = 144°,14, \quad q_2 = 145°,45, \quad \rho_2 = 461°,00, \quad \gamma_2 = 2^k,2805 ,$$
$$p_1 = 7722^k, \quad t_1 = 92°,05, \quad q_1 = 92°,45, \quad \rho_1 = 502°,59, \quad \gamma_1 = 0^k,46096.$$

Elles donnent un poids de vapeur saturée sèche initial $0^{mc},1048 \times 2^k,2805 = 0^k,2390$ et final $0^{mc},490 \times 0^k,46096 = 0^k,2259$, puis des chaleurs internes

$$U_2 = 0^k,2651 \times 145°,45 + 0^k,2390 \times 461°,00 = 148°,74$$
$$U_1 = 0^k,2651 \times 92°,45 + 0^k,2259 \times 502°,59 = 138°,04 \left.\right\} \; U_2 - U_1 = 10°,70,$$

dont la différence est $10°,70$ cédées pendant l'expansion. Les parois ont reçu pendant l'admission la chaleur de la vapeur condensée $0^k,0261 \times 505° = 13°,18$, plus la surchauffe $0^k,2651 \times 0,5 \, (215 — 144,14) = 9°,39$. Le travail de détente a demandé $15°,79$, le refroidissement extérieur $2°,50$, d'où

$$AF_2 + R_2 + 2°,50 = U_2 - U_1 + 9°,39 + 13,18,$$
$$15°,79 + R_2 + 2°,50 = 10°,70 + 9°,39 + 13,18,$$
$$R_2 = 33°,27 - 18°,29 = 14°,98.$$

Vérification de R_2. — Dans l'hypothèse d'une compression nulle, la chaleur interne finale $U_1 = 138°,04$, augmentée de celle du travail d'expulsion $2°,19$, diminuée de la chaleur conservée par la vapeur condensée $8°,77$, donne $131°,46$. Nous retrouvons $144°,82$ gagnées par l'eau froide d'injection; la différence

$$R_c = 144°82 - 131°,46 = 13°,36$$

compose ce que perdent les parois pendant l'échappement, et cette valeur se vérifie à $1°,42$ près, soit à

$$\frac{1°,42}{181°,56} = 0°/_0,79$$

de la chaleur totale apportée au cylindre.

L'ancienne valeur fautive de R_c était $17°,6$ qui, par suite des erreurs en sens contraire dont nous venons de parler, se vérifiait à $0°/_0,3$; de telle sorte qu'il fallait une longue pratique de ce genre de recherches pour méconnaître dans l'état de la vapeur, à la fin de l'introduction $1/_0$, un indice de l'erreur qui avait pu être commise.

Mulhouse — Imprimerie Veuve Bader et Cie